Web 3.0 应用开发实战
(从 Web 2.0 到 Web 3.0)

屈希峰　编著

北京航空航天大学出版社

内容简介

本书共分四部分，全面介绍如何基于 Python 微框架 Flask 进行 Web 开发。第一部分是 Flask 简介，介绍使用 Flask 框架及扩展开发 Web 程序的必备基础知识。第二部分则给出一个 Web 2.0 实例，真正带领大家一步步开发完整的博客和社交应用 Flasky，从而将前述知识融会贯通，付诸实践。第三部分在初步了解 Web 2.0 建站流程的基础上，建立一个简单的 Web 3.0 商城。第四部分介绍了发布应用之前必须考虑的事项，如单元测试策略、性能分析技术、Flask 程序的部署方式等。

本书采用 Python 3.X、MongoDB 软件，适合熟悉 Python 编程，有意通过 Flask 全面掌握 Web 开发的程序员学习参考。

图书在版编目(CIP)数据

Web 3.0 应用开发实战：从 Web 2.0 到 Web 3.0 / 屈希峰编著. -- 北京 ：北京航空航天大学出版社，2023.11

ISBN 978-7-5124-4246-7

Ⅰ. ①W… Ⅱ. ①屈… Ⅲ. ①网页制作工具—程序设计 Ⅳ. ①TP393.092.2

中国国家版本馆 CIP 数据核字(2023)第 240434 号

Web 3.0 应用开发实战(从 Web 2.0 到 Web 3.0)

屈希峰 编著

策划编辑 杨晓方 责任编辑 张冀青 刘桂艳

*

北京航空航天大学出版社出版发行

北京市海淀区学院路 37 号(邮编 100191) http://www.buaapress.com.cn

发行部电话：(010)82317024 传真：(010)82328026

读者信箱：copyrights@buaacm.com.cn 邮购电话：(010)82316936

北京凌奇印刷有限责任公司印装 各地书店经销

*

开本：710×1 000 1/16 印张：16.25 字数：366 千字

2024 年 1 月第 1 版 2024 年 1 月第 1 次印刷

ISBN 978-7-5124-4246-7 定价：89.00 元

前　言

与其他框架相比，Flask之所以能脱颖而出，原因在于它能够让开发者做主，使其对应用拥有全面的创意控制。或许你听过"和框架斗争"这一说法，在大多数框架中，当你决定使用的解决方案不受框架官方支持时就会发生这种情况。你可能想使用不同的数据库引擎或者不同的用户身份验证方法，但是这种偏离框架开发者设定路线的做法往往会给你带来很多麻烦。Flask就不一样了！

你喜欢关系型数据库？很好。Flask支持所有的关系型数据库。你更喜欢使用NoSQL数据库？没问题，Flask也支持。你想使用自己开发的数据库引擎，根本用不到数据库？依然没问题。在Flask中，你可以自主选择应用的组件，如果找不到合适的，还可以自己开发。就这么简单！

Flask之所以能给用户提供这么大的自由度，关键在于其开发时就考虑到了扩展性。

Flask提供了一个强健的核心，其中包含每个Web应用都需要的基本功能，而其他功能则交给生态系统中众多的第三方扩展——当然，你也可以自己开发。

本书将展示笔者使用Flask开发Web应用的工作流程。这不是使用Flask开发应用的唯一选择，你可以把这种选择作为一种推荐方式。

大部分软件开发类图书都使用短而精的示例代码，孤立地演示所介绍技术的功能，让读者自己去思考如何使用"胶水"代码把这些不同的功能组合起来，开发出完整可用的应用。

本书采用了完全不同的方式。本书中的示例代码都摘自同一个应用，开始时很简单，后续各章逐渐进行扩展。起初只有几行代码，最后将变成功能完善的博客和社交网络应用。

面向的读者群

要想更好地理解本书内容，你需要具备一定的Python编程经验。阅读本书，并不要求必须了解Flask的相关知识，但最好理解Python的一些概念（比如包、模块、函数、装饰器和面向对象编程），熟悉异常处理，知道如何从栈跟踪中分析问题，这将有助于你理解本书。

学习本书示例代码时，你的大部分时间都将在命令行中操作，因此，你应该能够熟练使用、自己操作系统中的命令行。

现代Web应用都不可避免地需要使用HTML、CSS和JavaScript，本书开发的示例应用也用到了这些技术,但本书没有对其进行详细介绍,也没有说明如何使用。如果你想开发完整的应用,且无法向精通客户端技术的开发者寻求帮助,那就需要对这些语言有一定程度的了解。

本书配套的代码是开源的,作者把它同时上传到GitHub和百度云盘。由于国内部分区域或网络服务商的原因,访问GitHub有时并不是很理想(打不开或下载很慢)。如果你可以通过修改本地Hosts文件顺利访问GitHub,则可以从GitHub上下载ZIP或TAR格式的源码;当然,也可以从百度云盘直接下载源代码。本书并不强调Git的使用,即使你不会配置网络也不影响代码运行。

需要说明的是,本书并不是完整且详尽的Flask框架手册。虽然本书介绍了Flask的大部分功能,但你还需要配合使用Flask官方文档(http://flask.pocoo.org/)。

本书结构

本书分为四部分。

第一部分为Flask简介,简要介绍了如何使用Flask框架及一些扩展开发Web应用。

第1章介绍如何安装和设置Flask框架;

第2章通过一个简单的应用介绍如何使用Flask;

第3章介绍如何在Flask应用中使用模板;

第4章介绍Web表单;

第5章介绍数据库;

第6章介绍如何实现电子邮件支持;

第7章介绍一个可供中大型程序使用的应用结构。

第二部分为Web 2.0博客实例,应用开发Flasky,这是作者为本书开发的开源博客和社交网络应用。

第8章实现用户身份验证系统;

第9章实现用户资料页;

第10章开发博客界面;

第11章实现关注功能;

第12章实现博客文章的用户评论功能;

第13章实现应用接口。

第三部分为Web 3.0商城实例。

第14章介绍Web 3.0应用的构成及实现方法。

第四部分为成功在望,介绍与开发应用没有直接关系但在应用发布之前要考虑的事项。

第 15 章详细说明各种单元测试策略；

第 16 章说明 Flask 应用的部署方式，包含传统方式、云方式和基于容器的方式；

第 17 章列出其他资源。

本书在编写过程中，参考了一些文献资料，在此向相关作者表示感谢。限于作者水平，本书难免存在不足和疏漏之处，敬请各位读者批评指正。

作 者

2023 年 9 月

目　录

第一部分　Flask 简介

第二部分　实例:Web 2.0 博客

第四部分 成功在望

第一部分 Flask 简介

第1章 安 装

在大多数标准中，Flask 算是小型框架，小到可以称为“微框架”。Flask 非常小，一旦你能够熟练使用它，几乎就能读懂它所有的源码。

但是，小并不意味着它比其他框架的功能少。Flask 自开发伊始就被设计为可扩展的框架，它具有一个包含基本服务的强健核心，其他功能则可通过扩展实现。你可以自己挑选所需的扩展包，组成一个没有附加功能的精益组合，完全满足自身需求。

Flask 有 3 个主要依赖：路由、调试和 Web 服务器网关接口（WSGI，Web Server Gateway Interface）。子系统由 Werkzeug8 提供，模板系统由 Jinja2 提供，命令行集成由 Click 提供。这些依赖全都是 Flask 的开发者 Armin Ronacher 开发的。

Flask 原生不支持数据库访问、Web 表单验证和用户身份验证等高级功能。这些功能及其他大多数 Web 应用需要的核心服务都以扩展的形式实现，然后再与核心包集成。开发者可以任意挑选符合项目需求的扩展，甚至可以自行开发。这和大型框架的做法相反，大型框架往往已经替你做出了大多数决定，难以（有时甚至不允许）使用替代方案。

本章介绍如何安装 Flask。在这个过程中，你只需要一台安装了 Python 的计算机。

本书中的代码示例已在 Python 3.5 和 Python 3.6 中测试过。如果你愿意，也可以使用 Python 2.7。但这一版在 2020 年后停止维护，因此强烈建议使用 3.x 版。

如果决定使用微软 Windows 系统的计算机，则需要做个选择：要么使用基于 Windows 的“原生”工具集；要么设置计算机，沿用基于 Unix 的主流工具集。本书中的代码在这两种方式下基本上都能正常运行。本书采用 Windows 方式，IDE 采用 Visual Studio Code。

1.1 创建应用目录

首先，将从 GitHub 或者百度云盘下载的示例代码 ZIP，直接解压至工作硬盘中，例如 D 盘。我们将从第 1 章第 1 个示例代码开始。在 Win10 键盘上同时按下 win+R 组合键,打开 CMD,运行:

```
$ C:\Users\Administrator >d:
$ cdd:/flasky/flasky-1a
```

此时便进入了 flasky-1a 源代码文件夹,别急,我们还得先建立虚拟环境,用来执行这个项目(本书)的所有源代码。

对于新项目,可以在 Windows 上新建文件夹,也可以使用 CMD 命令,如表 1-1 所列。

表 1-1 常用 CMD 命令

命 令	说 明
cd ..	返回到上一级
md test	新建 test 文件夹
md d:\test\my	在 D 盘下新建文件夹
cd test	进入 test 文件夹
cd. >cc. txt	新建 cc. txt 文件
dir	列出文件夹下所有文件及文件夹
del a. txt	删除 a. txt 的文件
del *. txt	删除所有后缀为. txt 的文件
rd test	删除名为 test 的空文件夹
rd /s d:\test	删除 D 盘里的 test 文件夹会出现:如下 test,是否确认(Y/N)? 直接输入 Y 再回车即可
rd test/s	删除此文件夹下的所有文件,会出现:是否确认(Y/N)? 直接输入 Y 再回车即可

以上 CMD 命令在日常项目中会经常用到,初学者在使用时通过搜索引擎查询即可。

1.2 虚拟环境

创建好应用目录之后,接下来该安装 Flask 了。安装 Flask 最便捷的方法是使用**虚拟环境**。虚拟环境是 Python 解释器的一个私有副本,在这个环境中你可以安装私有包,而且不会影响系统中安装的全局 Python 解释器。

虚拟环境非常有用,可以避免你安装的 Python 版本和包与系统预装的版本和包发生冲突。为每个项目单独创建虚拟环境,可以保证应用只能访问所在虚拟环境中的包,从而保持全局解释器的干净整洁,使其只作为创建更多虚拟环境的源。与直接使用系统全局的 Python 解释器相比,使用虚拟环境还有一个好处,那就是不需要管理员权限。

1.2.1 创建虚拟环境

Python 3 和 Python 2 解释器创建虚拟环境的方法有所不同。在 Python 3 中，虚拟环境由 Python 标准库中的 venv 包原生支持。

下面我们在 flasky 目录中创建一个虚拟环境。通常，虚拟环境的名称为 venv，你也可以使用其他名称。确保当前目录是 flasky，然后执行以下命令：

```
$ python - m venv venv
```

执行这个命令之后，flasky 目录中会出现一个名为 venv 的子目录，这里就是一个全新的虚拟环境，包含这个项目专用的 Python 解释器。

在创建 Python 虚拟环境时，如果使用的是 Anaconda 中集成的 python-m venv venvdir，就会出现不能安装 pip 的错误，原因是 Anaconda 没有 ensurepip。解决办法是使用 python - m venv -- without - pip venv 创建没有 pip 的虚拟环境，然后启动虚拟环境安装 pip 即可。也可以在 https://www.aliyundrive.com/s/SLXKZzbxFac 下载 get - pip.py，保存到虚拟环境目录中，然后运行：

```
(venv) $ python get - pip.py      # 运行安装脚本
```

1.2.2 使用虚拟环境

若想使用虚拟环境，要先将其"激活"。如果使用微软 Windows 系统，则激活命令如下：

```
$ venv\Scripts\activate
```

虚拟环境被激活后，里面的 Python 解释器的路径会添加到当前命令会话的 PATH 环境变量中，指明在什么位置寻找一众可执行文件。为了提醒你已经激活了虚拟环境，激活虚拟环境的命令会修改命令提示符，加入环境名：

```
(venv) $
```

激活虚拟环境后，在命令提示符中输入 python，将会调用虚拟环境中的解释器，而不是系统全局解释器。如果你打开了多个命令提示符窗口，那么在每个窗口中都要激活虚拟环境。

虽然多数情况下，为了方便，应该激活虚拟环境，但是不激活也能使用虚拟环境。例如，为了启动 venv 虚拟环境中的 Python 控制台，在微软 Windows 中可以执行 venv\Scripts\python 命令，如图 1 - 1 所示。

虚拟环境中的工作结束后，在命令提示符中输入deactivate，还原当前终端会话的 PATH 环境变量，把命令提示符重置为最初的状态。

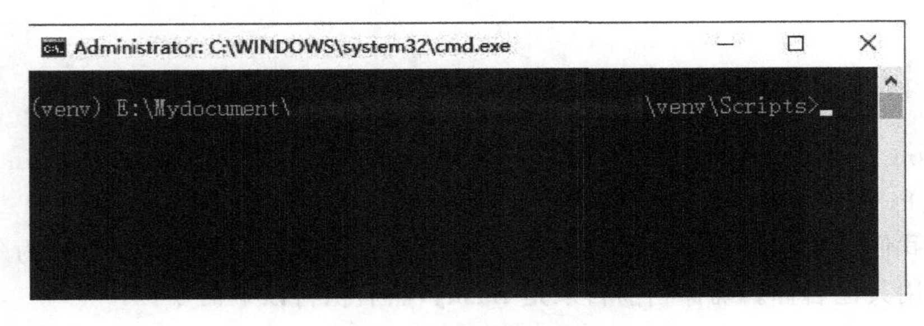

图 1-1　激活虚拟环境

1.3　使用 pip 安装 Python 包

Python 包使用包管理器 pip 安装,所有虚拟环境中都有这个工具。与 python 命令类似,在命令提示符会话中输入 pip 将调用当前激活的虚拟环境中的 pip 工具。

若想在虚拟环境中安装 Flask,要先确保 venv 虚拟环境已经激活,然后执行以下命令:

```
(venv) $ pip install flask -i https://pypi.tuna.tsinghua.edu.cn/simple
```

执行这个命令后,pip 不仅安装 Flask 自身,还会安装它的所有依赖,如图 1-2 所示。任何时候都可以使用 pip freeze 或者 pip list 命令查看虚拟环境中安装了哪些包:

```
(venv) $ pip freeze
click==6.7
Flask==0.12.2
itsdangerous==0.24
Jinja2==2.9.6
MarkupSafe==1.0
Werkzeug==0.12.2
```

```
C:\Users\Administrator>pip install flask
Collecting flask
  Using cached https://files.pythonhosted.org/packages/7f/e7/08578774ed4536d3242b14dacb4696386634607af824ea997202
b/Flask-1.0.2-py2.py3-none-any.whl
Requirement already satisfied: click>=5.1 in c:\python3\lib\site-packages (from flask) (7.0)
Requirement already satisfied: Jinja2>=2.10 in c:\python3\lib\site-packages (from flask) (2.10)
Requirement already satisfied: itsdangerous>=0.24 in c:\python3\lib\site-packages (from flask) (1.1.0)
Requirement already satisfied: Werkzeug>=0.14 in c:\python3\lib\site-packages (from flask) (0.14.1)
Requirement already satisfied: MarkupSafe>=0.23 in c:\python3\lib\site-packages (from Jinja2>=2.10->flask) (1.1.0
Installing collected packages: flask
  The script flask.exe is installed in 'c:\python3\Scripts' which is not on PATH.
  Consider adding this directory to PATH or, if you prefer to suppress this warning, use --no-warn-script-locatio
Successfully installed flask-1.0.2
You are using pip version 10.0.1, however version 19.0.2 is available.
You should consider upgrading via the 'python -m pip install --upgrade pip' command.

C:\Users\Administrator>
```

图 1-2　安装 Flask

pip freeze 命令的输出包含各个包的具体版本号。你安装的版本号可能与这里给出的不同。如果想要和开发者环境下的版本号相同,以避免各种未知的 bug,则可以使用 requirement. txt 安装 Python 包。表 1-2 所列为常用 pip 命令。

表 1-2 常用 pip 命令

命 令	说 明
pip--version	查看 pip 版本
python-m pip install--upgrade pip	升级 pip 工具
pip list	查看已经安装的第三方包(库)
pip install robotframework	直接安装包 robotframework
pip install robotframework==2.8.7	指定包的安装版本
pip uninstall robotframework	卸载已安装的包
pip install-U robotframework	更新某个指定包

使用参数-i 可以指定 pip 镜像源,如 https://pypi. tuna. tsinghua. edu. cn/simple 为清华大学镜像源,国内其他可用的镜像源还有:

阿里云:http://mirrors. aliyun. com/pypi/simple/

中国科学技术大学:https://pypi. mirrors. ustc. edu. cn/simple/

豆瓣:http://pypi. douban. com/simple/

另外,一些机器学习或深度学习的包可以采用离线的方式下载、安装,离线包下载网址:https://www. cgohlke. com/,然后利用 cmd 命令进入已下载 whl 文件的目录,执行 pip install whl 文件名进行安装。

1.4 使用 pipreqs 输出包

pipreqs 可以自动找到当前项目的所有包及其版本,pipreqs 只记录指定项目所依赖的包,而 pip freeze 会记录当前 Python 环境下所有安装的包,会有和项目不相关的包被记录下来(动辄上百个)。通过 pip 安装 pipreqs:

```
$ pip install pipreqs
```

pipreqs 指定项目所在目录,将项目所依赖包写入 requirements. txt 文件:

```
$ pipreqs ./
```

如果出现错误:无法将 pipreqs 项识别为 cmdlet、函数、脚本文件或可运行程序的名称,则请检查名称的拼写,如果包括路径,请确保路径正确,然后再试一次。究其原因是 pipreqs 没有纳入环境变量,可以通过"pip3 show-f pipreqs"找到 Python 的 Scripts 目录,代码如下:

```
$ pip3 show -f pipreqs
Name:pipreqs
Version: 0.4.10
Summary: Pip requirements.txt generator based on imports in project
Home-page: https://github.com/bndr/pipreqs
Author: VadimKravcenko
Author-email: vadim.kravcenko@gmail.com
License: Apache License
Location: c:\users\###\appdata\roaming\python\python39\site-packages
Requires:yarg, docopt
Required-by:
Files:
  ..\Scripts\pipreqs.exe
  pipreqs-0.4.10.dist-info\AUTHORS.rst
  pipreqs-0.4.10.dist-info\INSTALLER
  pipreqs-0.4.10.dist-info\LICENSE
  pipreqs-0.4.10.dist-info\METADATA
  pipreqs-0.4.10.dist-info\RECORD
  pipreqs-0.4.10.dist-info\REQUESTED
  pipreqs-0.4.10.dist-info\WHEEL
  pipreqs-0.4.10.dist-info\entry_points.txt
  pipreqs-0.4.10.dist-info\top_level.txt
  pipreqs\__init__.py
  pipreqs\__pycache__\__init__.cpython-39.pyc
  pipreqs\__pycache__\pipreqs.cpython-39.pyc
  pipreqs\mapping
  pipreqs\pipreqs.py
  pipreqs\stdlib
```

如果将 pipreqs.exe 所在路径写入系统环境变量中，则可以解决命令不识别的问题。

如果遇到编码问题：UnicodeDecodeError: 'gbk' codec can't decode byte 0xa1 in position 948: illegal multibyte sequence，则需要在命令中指定编码格式：

```
$ pipreqs ./ --encoding=utf8
```

1.5 使用 requirements.txt

一般项目会分为开发环境、测试环境、生产环境等，每个环境依赖的包会不同。推荐在文件夹下为每个环境建立一个 requirements. txt 文件。通常情况下，当我们日常开发在网上找到一些参考项目时，项目作者会提供 requirements. txt 文件，其中就包括需要用到的包及其具体版本号；如果项目作者未提供，则需要我们新建虚拟环境，根据错误提示安装相应版本的包。批量安装命令如下：

```
(venv) $ pip install -r requirements.txt
```

当项目完成或部署时，需要生成 requirements. txt 文件，命令如下：

```
(venv) $ pip freeze >requirements.txt
```

如果想验证 Flask 是否正确安装，可以启动 Python 解释器，尝试导入 Flask，命令如下：

```
(venv) $ python
>>> import flask
>>>
```

运行后，如果没有报错，说明 Flask 安装成功。

1.6 使用 pipenv 管理包

pipenv 是 Kenneth Reitz 在 2017 年 1 月发布的 Python 依赖管理工具，现在由 PyPA 维护。你可以把它看作是 pip 和 virtualenv 的组合体，而它基于的 Pipfile 则用来替代旧的依赖记录方式(requirements. txt)。pipenv 在易用性上要简单很多，同时增加了 lock 文件，能更好地锁定版本。如果没有特殊要求，可以通过 pipenv 直接使用 lock 的版本，开发又可以小步迭代，实现依赖的稳步升级。

pipenv 的优势：

① pipenv 会在项目目录下创建 Pipfile 和 Pipfile. lock 文件，可以更好地管理包之间的依赖关系。以前需要将虚拟环境依赖包导出为 requirements. txt，一旦依赖包变动，就需要重新导出，现在 Pipfile 和 Pipfile. lock 文件可以节省这些步骤，更方便管理。

② 安装卸载包无需激活虚拟环境，直接在项目文件夹下即可操作。卸载的时候，可以自动检查依赖库是否被其他包依赖，来选择是否彻底删除。

③ 可以通过 pipenv graph 来查看各个包的依赖关系图。

④ 当代码需要在虚拟环境下执行时，通过 pipenv run python xx. py 即可在虚拟环境下执行 Python 文件。

⑤ 如果需要在当前命令行持续执行虚拟环境下任务，可以通过 pipenv shell 生成新的 shell，此 shell 即处于虚拟环境激活状态，可以持续在虚拟环境下执行任务。

⑥ 便于 docker 容器化管理，Pipfile 文件支持生成 requirements 文件，便于项目代码 docker 化管理。

⑦ Pipfile 还支持-dev 环境，可以在调试阶段安装许多调试工具等，而不影响生产

环境。

安装 pipenv,命令如下:

```
$ pip install pipenv
```

pipenv 初始化,命令如下:

```
$ cd <your_project>    # 项目所在目录
$ pipenv install
```

该命令会初始化,然后在项目根目录下生成 Pipfile 文件。打开 Pipfile 文件,在 packages 下填入的库和版本是可以用于生产环境和生成 requirements 文件的;在 dev-packages 下的,则可以安装一下调试工具、性能测试工具、Python 语法工具等。然后,再执行 pipenv install 即可生成 Pipfile.lock 文件。当然,既有项目也可以通过下面命令自动生成:

```
$ pipenv install requests
```

pipenv 运行项目命令如下:

```
$ pipenv run python xxx.py
```

pipenv 选项和 pipenv 命令分别如表 1-3 和表 1-4 所列。

表 1-3 pipenv 选项

选 项	说 明
--update	更新 pipenv & pip
--where	显示项目文件所在路径
--venv	显示虚拟环境实际文件所在路径
--py	显示虚拟环境 Python 解释器所在路径
--envs	显示虚拟环境的选项变量
--rm	删除虚拟环境
--bare	最小化输出
--completion	完整输出
--man	显示帮助页面
--three/--two	使用 Python 3/2 创建虚拟环境(注意本机已安装的 Python 版本)
--python TEXT	指定某个 Python 版本作为虚拟环境的安装源
--site-packages	附带安装原 Python 解释器中的第三方库
--jumbotron	未知
--version	版本信息
-h,--help	帮助信息

表 1-4 pipenv 命令

命 令	说 明
check	检查安全漏洞
graph	显示当前依赖关系图信息
install	安装虚拟环境或者第三方库
lock	锁定并生成 Pipfile.lock 文件
open	在编辑器中查看一个库
run	在虚拟环境中运行命令
shell	进入虚拟环境
uninstall	卸载一个包
update	卸载当前所有的包,并安装它们的最新版本

pipenv 常用命令如下:

- pipenv --python 3.7 创建 3.7 版本 Python 环境;
- pipenv install package_name 安装包;
- pipenv graph 查看包与包之间的依赖关系;
- pipenv --venv 查看虚拟环境保存路径;
- pipenv --py 查看 Python 解释器路径;
- pipenv install package_name --skip-lock 跳过 lock,可以等项目开发好以后再更新所有报的 hash 值;
- pipenv install --dev package_name 在开发环境安装测试包(可以加-skip-lock 参数);
- pipenv uninstall package_name 卸载包;
- pipenv install -r path/to/requirements.txt 导入某个 requirements 文件。

至此,完成了安装知识的学习,现在可以开始学习第 2 章的内容,了解如何编写第一个 Web 应用了。

第 2 章　应用的基本结构

本章将带领你了解 Flask 应用各部分的作用，编写并运行第一个 Flask Web 应用。

2.1　网页显示过程

在浏览器地址栏输入一个 URL 并按回车键后，前后端都做了哪些操作？

① DNS 解析：浏览器首先检查是否已经缓存了该网站的 IP 地址，如果没有，浏览器将向 DNS 域名解析服务器请求该网站的 IP 地址。

② 建立连接：浏览器使用该网站的 IP 地址与该网站的服务器建立连接。

③ 发送请求：浏览器向该网站的服务器发送 HTTP 请求，其中包含 URL 及该浏览器对该网页的其他要求(请求头＋请求行＋请求体)。

④ 服务器响应：该网站的服务器接收到浏览器的请求后，将根据该请求返回相应的数据(响应头＋响应字段＋响应体)。

⑤ 数据接收：浏览器接收到服务器返回的数据后，将该数据渲染成网页。

⑥显示页面：浏览器显示服务器返回的网页内容。当浏览器在解析的过程中遇到一些静态文件时，会再次重复上面的步骤。

以上步骤中，DNS 解析、建立连接、发送请求、服务器响应、数据接收和显示页面都是瞬间发生的，因此用户无需等待即可看到网页内容。

该流程可能还包含其他步骤，例如请求头中的缓存控制信息的处理、内容协商等。如果网页中含有动态内容或多媒体元素，可能还需要发送额外的请求，以获取该内容。在服务器响应数据的生成过程中，可能还会用到数据库、缓存等技术，以确保服务器能够快速响应请求。

在显示页面时，浏览器可能会使用各种技术，例如 JavaScript、HTML、CSS 等，以确保网页能够在浏览器上正确显示。

总之，在浏览器地址栏输入一个 URL 并按回车键后，背后发生了复杂的技术过程，它们的结合让我们能够快速地访问网页并查看其内容。一个 Web 应用可以看作由多个网页组成，接下来我们使用 Flask 完成一个应用。

2.2 初始化

所有 Flask 应用都必须创建一个应用实例(app)。Web 服务器使用了一种名为 Web 服务器网关接口(Web Server Gateway Interface,WSGI,读作"wiz-ghee")的协议,把接收自客户端的所有请求都转交给这个对象处理。应用实例是 Flask 类的对象,通常由以下代码创建:

```
>>>from flask import Flask
>>>app = Flask(__name__)
```

Flask 类的构造函数只有一个必须指定的参数,即应用主模块或包的名称。在大多数应用中,Python 的__name__变量就是所需的值。

传给 Flask 应用构造函数的__name__参数可能会让 Flask 开发新手心生困惑。Flask 用这个参数确定应用的位置,进而找到应用中其他文件的位置,例如图像和模板。

后文会介绍更复杂的应用初始化方式,不过对简单的应用来说,上面的代码足够了。

2.3 路由和视图函数

客户端(例如 Web 浏览器)把请求发送给 Web 服务器,Web 服务器再把请求发送给 Flask 应用实例。应用实例需要知道对每个 URL 的请求要运行哪些代码,所以保存了一个 URL 到 Python 函数的映射关系。处理 URL 和函数之间关系的程序称为**路由**。

在 Flask 应用中定义路由的最简便方式,是使用应用实例提供的 app. route 装饰器。下面的例子说明了如何使用这个装饰器声明路由:

```
1.  @app.route('/')
2.  def index():
3.      return '<h1>Hello World! </h1>'
```

装饰器是 Python 语言的标准特性。惯常用法是把函数注册为事件处理程序,在特定事件发生时调用。

前例把 index()函数注册为应用根地址的处理程序。使用 app. route 装饰器注册视图函数是首选方法,但不是唯一的方法。Flask 还支持一种更传统的方式,即使用 app. add_url_rule()方法。这个方法最简单的形式是接受 3 个参数:URL、端点名和视图函数。下述示例使用 app. add_url_rule()方法注册 index()函数,其作用与前例相同：

```
1.    def index():
2.        return '<h1>Hello World! </h1>'
3.    app.add_url_rule('/', 'index', index)
```

index()这样处理入站请求的函数称为**视图函数**。如果应用部署在域名为 www.example.com 的服务器上，在浏览器中访问 http://www.example.com 后，会触发服务器执行 index()函数。这个函数的返回值称为响应，是客户端接收到的内容。如果客户端是 Web 浏览器，响应就是显示给用户查看的文档。视图函数返回的响应可以是包含 HTML 的简单字符串，也可以是复杂表单(后文将会介绍)。

直接在 Python 源码文件中编写响应字符串的 HTML 代码会导致代码难以维护，本章的示例这么做只是为了介绍响应这个概念。你将在第 3 章了解生成响应更好的方法。

如果仔细观察日常所用服务的某些 URL，就会发现很多地址中都包含可变部分。例如，Facebook 资料页面的地址是 http://www.facebook.com/<your-name>，用户名(your-name)是地址的一部分。Flask 支持这种形式的 URL，只需在 app.route 装饰器中使用特殊的句法即可。下例定义的路由中就有一部分是可变的：

```
1.    @app.route('/user/<your - name>')
2.    def user(your - name):
3.        return '<h1>Hello, {}! </h1>'.format(your - name)
```

路由 URL 中放在尖括号里的内容就是动态部分，任何能匹配静态部分的 URL 都会映射到这个路由上。调用视图函数时，Flask 会将动态部分作为参数传入函数。在这个视图函数中，name 参数用于生成个性化的欢迎消息。

路由中的动态部分默认使用字符串，不过也可以是其他类型。例如，路由/user/<int:id>只会匹配动态片段 id 为整数的 URL，例如/user/123。**Flask** 支持在路由中使用**string**、**int**、**float** 和**path** 类型，如表 2-1 所列。其中，path 类型是一种特殊的字符串，与 string 类型不同的是，它可以包含正斜线。

表 2-1　类型转换器

类　型	说　明
string	默认，可以不用写
int	整数
float	同 int，但是接受浮点数
path	和 string 相似，但接受斜线

举个例子，当用户访问路径时，与动态路由匹配并提取出相应的参数，处理函数返回，如表 2-2 所列。

表2-2 类型转换示例

动态路由	实际路径	返回值
/user/<name>	/user/tom	My name is tom
/age/<int:age>	/age/26	age is 26
/price/<float:price>	/price/31.4	price is 31.4
/path/<path:name>	/path/abc/xyz	path isabc/xyz

2.4 一个完整的应用

前几节介绍了 Flask Web 应用的不同组成部分，现在开始编写第一个应用。如前所述，示例2-1中的 hello.py 应用脚本定义了一个应用实例、一个路由和一个视图函数。

示例2-1 hello.py:一个完整的 Flask 应用。

```
1.    from flask import Flask
2.    app = Flask(__name__)
3.
4.    @app.route('/')
5.    def index():
6.        return '<h1>Hello World! </h1>'
```

打开软件 Visual Studio Code，单击文件→打开文件夹→选择本地下载好的文件夹 flasky;按 ctrl+打开终端，运行以下命令：

```
$ venv\Scripts\activate
```

第一次使用 Visual Studio Code 激活虚拟环境可能会报错。解决方法：用管理员模式运行 powershell，执行策略更改 Set-ExecutionPolicy RemoteSigned，输入 Y；再次运行激活命令，即可成功激活虚拟环境。

2.5 Web 开发服务器

Flask 应用自带 Web 开发服务器，通过 flask run 命令启动。这个命令在 FLASK_APP 环境变量指定的 Python 脚本中寻找应用实例。

如果想启动前一节编写的 hello.py 应用，首先应确保之前创建的虚拟环境已经激活，而且里面安装了 Flask。

微软 Windows 用户执行的命令和刚才一样，只是设定 FLASK_APP 环境变量的方式不同：

```
(venv) $ set FLASK_APP = hello.py
(venv) $ flask run
```

也可以在项目文件 hello. py 所在文件夹直接运行(推荐)：

```
(venv) $ python chapter2 - 01/hello.py runserver
 * Serving Flask app'hello'
 * Running on http://127.0.0.1:5000/ (Press CTRL + C to quit)
```

服务器启动后便开始**轮询**,处理请求。直到按 Ctrl＋C 键停止服务器,轮询才会停止。

服务器运行时,在 Web 浏览器的地址栏中输入 http://localhost:5000/,将会显示如图 2－1 所示的页面。

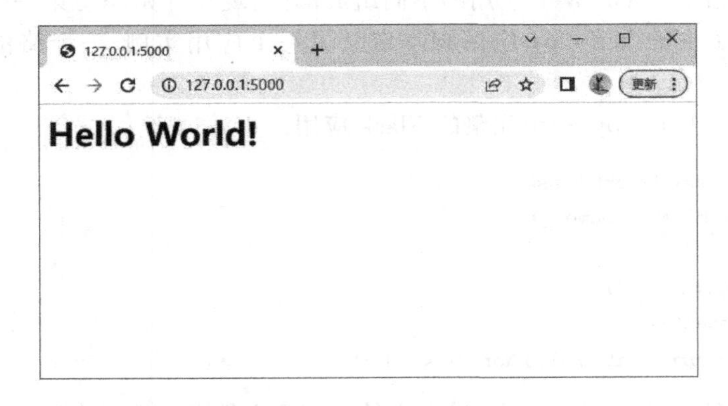

图 2－1 hello. py Flask 应用

如果在基 URL 后面再输入其他内容,应用将不知道如何处理,会向浏览器返回错误码 404。这个错误你应该很熟悉,当你访问不存在的网页时一般都会见到。

Flask 提供的 Web 服务器只适用于开发和测试,生产服务器的配置要稍微复杂些。

Flask Web 开发服务器也可以通过编程的方式启动:调用 app. run()方法。在没有 flask 命令的旧版 Flask 中,如果想启动应用,要先运行应用的主脚本。主脚本的尾部包含下述代码片段：

```
if __name__ == '__main__':
    app.run()
```

启动 app. py 程序后,系统默认的是 http://127.0.0.1:5000/,那么我们如何修改里面的数据呢？例如端口号、主机名,又怎么设定呢？这时我们可以在 app. run()中传递参数,其代码如下：

```
app.run(host = None,port = None,debug = None,load_dotenv = True)
```

其中,host 为 IP 地址,设置为 0.0.0.0,让服务器在外部也可以访问,默认为 127.

0.0.1;port 为 Web 服务器的端口,一个端口号对应一个程序,默认值为 5000;debug 为调试模式,当 debug=True 时,只要代码改变,当刷新页面时服务器就会重新加载最新的代码,适用于开发环境,默认为 Flase,适用于产品环境;load_dotenv 为加载最近的.env 和.flaskenv 文件,用于设置环境变量的文件,也会改变工作环境,目录到包含找到的第一个文件的目录,默认为 True。

2.6 动态路由

这个应用的第 2 版 chapter2-02 将添加一个动态路由,如示例 2-2 所示。在浏览器中访问这个动态 URL 时,你会看到一条个性化的消息,包含你在 URL 中提供的名字。

示例 2-2 hello.py:包含动态路由的 Flask 应用。

```
1.  from flask import Flask
2.  app = Flask(__name__)
3.
4.  @app.route('/')
5.  def index():
6.      return '<h1>Hello World! </h1>'
7.
8.  @app.route('/user/<name>')
9.  def user(name):
10.     return '<h1>Hello, {}! </h1>'.format(name)
```

测试动态路由前,请确保服务器正在运行中,然后访问 http://localhost:5000/user/Dave。应用会显示一个使用 name 动态参数生成的欢迎消息。试着在 URL 中设定不同的名字,可以看到,视图函数总是使用指定的名字生成响应。图 2-2 展示了一个示例。

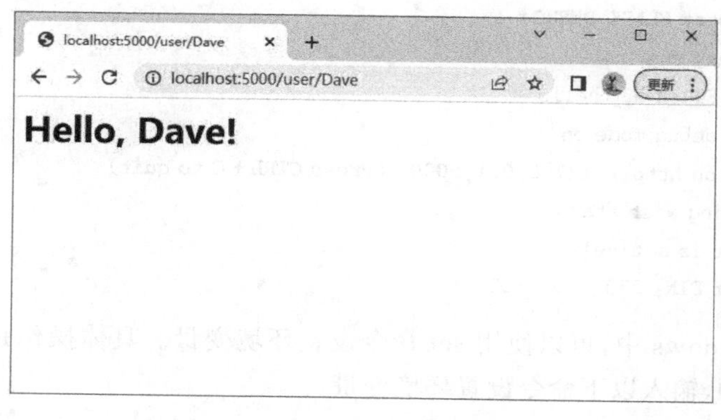

图 2-2 动态路由

2.7 调试模式

Flask 应用可以在调试模式中运行。在这个模式下,开发服务器默认会加载两个便利的工具:**重载器和调试器**。

启用重载器后,Flask 会监视项目中的所有源码文件,发现变动时自动重启服务器。在开发过程中运行、启动重载器的服务器特别方便,因为每次修改并保存源码文件后,服务器都会自动重启,让改动生效。

调试器是一个基于 Web 的工具,当应用抛出未处理的异常时,它会出现在浏览器中。此时,Web 浏览器变成一个交互式栈跟踪,你可以在里面审查源码,在调用栈的任何位置计算表达式。Flask 调试器的界面如图 2-3 所示,提示错误,未加载相应的包。

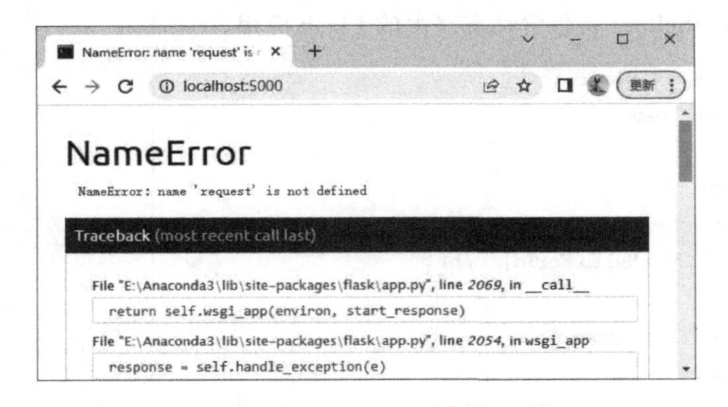

图 2-3 Flask 调试器的界面

调试模式默认禁用。如果想启用,在执行 flask run 命令之前先设定 FLASK_DEBUG=1 环境变量:

```
(venv) $ export FLASK_APP = hello.py
(venv) $ export FLASK_DEBUG = 1
(venv) $ flask run
  * Serving Flask app'hello'
  * Forcing debug mode on
  * Running on http://127.0.0.1:5000/ (Press CTRL + C to quit)
  * Restarting with stat
  * Debugger is active!
  * Debugger PIN: 273 - 181 - 528
```

在微软 Windows 中,可以使用 set 命令设置环境变量。具体操作是打开命令提示符或 PowerShell,输入以下命令设置环境变量:

```
(venv) $ set 变量名 = 变量值
```

例如，如果要将 JAVA_HOME 设置为 C:\Program Files\Java\jdk1.8.0_221，可以输入以下命令：

```
(venv) $ set JAVA_HOME = C:\Program Files\Java\jdk1.8.0_221
```

如果要查看已设置的环境变量，可以输入以下命令：

```
(venv) $ set
```

这时将会显示所有已设置的环境变量及其值。注意：设置的环境变量仅在当前命令提示符或 PowerShell 窗口中有效。如果要在所有窗口中使用相同的环境变量，可以将其添加到系统环境变量中。使用系统属性中的“高级系统设置”或者在控制面板中搜索“环境变量”可以编辑系统环境变量。

使用 app.run()方法启动服务器时，不会用到 FLASK_APP 和 FLASK_DEBUG 环境变量。如果想以编程的方式启动调试模式，就使用**app.run(debug=True)**。

注意，千万不要在生产服务器中启用调试模式。客户端通过调试器能请求执行远程代码，因此可能导致生产服务器遭到攻击。作为一种简单的保护措施，启用调试模式时可以要求输入 PIN 码，执行 flask run 命令时会打印在控制台中。

2.8 命令行选项

flask 命令支持一些选项。执行 flask--help，或者执行 flask 而不提供任何参数，可以查看哪些选项可用：

```
(venv) $ flask --help
Usage: flask [OPTIONS] COMMAND [ARGS]...

  This shell command acts as general utility script for Flask applications.

  It loads the application configured (through the FLASK_APP environment
  variable) and then provides commands either provided by the application or
  Flask itself.

  Themost useful commands are the 'run' and 'shell' command.

  Example usage:

    $ export FLASK_APP = hello.py
    $ export FLASK_DEBUG = 1
    $ flaskrun

Options:
```

```
  --version  Show the flask version
  --help     Show this message and exit.

Commands:
  run    Runs a development server.
  shell  Runs a shell in the app context.
```

flask shell 命令在应用的上下文中打开一个 Python shell 会话。在这个会话中可以运行维护任务或测试,也可以调试问题。后面的章节中将举例说明这个命令的用途。

flask run 命令我们已经用过,从名称可以看出,它的作用是在 Web 开发服务器中运行应用。这个命令有多个参数:

```
(venv) $ flask run --help
Usage: flask run [OPTIONS]

  Runs a local development server for the Flask application.

  This local server is recommended for development purposes only but it can
  also be used for simple intranet deployments.  Bydefault it will not
  support any sort of concurrency at all to simplify debugging.  This can be
  changed with the --with-threads option which will enable basic
  multithreading.
  The reloader and debugger are by default enabled if the debug flag of
  Flask is enabled and disabled otherwise.

Options:
  -h, --host TEXT                 The interface to bind to.
  -p, --port INTEGER              The port to bind to.
  --reload / --no-reload          Enable or disable the reloader.  By default
                                  the reloader is active if debug is enabled.
  --debugger / --no-debugger      Enable or disable the debugger.  By default
                                  the debugger is active if debug is enabled.
  --eager-loading / --lazy-loader
                                  Enable or disable eager loading. By default
                                  eager loading is enabled if the reloader is
                                  disabled.
  --with-threads / --without-threads
                                  Enable or disable multithreading.
  --help                          Show this message and exit.
```

--host 参数特别有用,它可以告诉 Web 服务器在哪个网络接口上监听客户端发来的链接。默认情况下,Flask 的 Web 开发服务器监听 localhost 上的链接,因此服务器只接受运行服务器的计算机发送的链接。下述命令让 Web 服务器监听公共网络接口

上的链接,因此同一网络中的其他计算机发送的链接也能接收到:

```
(venv) $ flask run -- host 0.0.0.0
  * Serving Flask app'hello'
  * Running on http://0.0.0.0:5000/ (Press CTRL + C to quit)
```

注意,现在可以在网络中的任何计算机上,通过 http://a. b. c. d:5000 访问 Web 服务器。其中,a. b. c. d 是运行服务器的计算机的公网 IP 地址。

--reload、--no-reload、--debugger 和--no-debugger 参数可以对调试模式进行细致的设置。

例如,启动调试模式后可以使用--no-debugger 关闭调试器,但是应用还在调试模式中运行,而且重载器也启用了。

2.9 请求-响应循环

开发了一个简单的 Flask 应用之后,你或许希望进一步了解 Flask 的工作方式及原理。下面几小节将介绍这个框架的一些设计理念。该节放在这里让初学者很容易忽视掉,尤其是对于请求上下文的理解。整个 Flask 编程的过程就是围绕着**参数传递**,在理解这一节内容的时候一定要记得 Python 万法皆对象,会衍生出很多参数传递的黑魔法。

2.9.1 应用和请求上下文

Flask 从客户端收到请求时,要让视图函数能访问一些对象,这样才能处理请求。请求对象就是一个很好的例子,它封装了客户端发送的 HTTP 请求。

要想让视图函数能够访问请求对象,一种直截了当的方式是将其作为参数传入视图函数,不过这会导致应用中的每个视图函数都多出一个参数。除了访问请求对象,如果视图函数在处理请求时还要访问其他对象,情况会变得更糟。

为了避免大量可有可无的参数把视图函数弄得一团糟,Flask 使用**上下文**临时把某些对象变为全局可访问。有了上下文,便可以像下面这样编写视图函数:

```
1.   from flask import request
2.
3.   @app.route('/')
4.   def index():
5.       user_agent = request.headers.get('User - Agent')
6.       return '<p>Your browser is {}</p>'.format(user_agent)
```

注意:在这个视图函数中我们把 request 当作全局变量使用。事实上,request 不可能是全局变量。试想,在多线程服务器中,多个线程同时处理不同客户端发送的不同请求时,每个线程看到的 request 对象必然不同。Flask 使用上下文让特定的变量在一个线程中全局可访问,与此同时却不会干扰其他线程。

线程是可单独管理的最小指令集。进程经常使用多个活动线程,有时还会共享内存或文件句柄等资源。多线程 Web 服务器会创建一个线程池,再从线程池中选择一个线程处理接收到的请求。

在 Flask 中有两种上下文:**应用上下文**和**请求上下文**。表 2-3 列出了这两种上下文提供的变量。

表 2-3 Flask 上下文全局变量

变量名	上下文	说　明
current_app	应用上下文	当前应用的应用实例
g	应用上下文	处理请求时用作临时存储对象,每次请求都会重设这个变量
request	请求上下文	请求对象,封装了客户端发出的 HTTP 请求中的内容
session	请求上下文	用户会话,值为一个字典,存储请求之间需要"记住"的值

Flask 在分派请求之前激活(或推送)应用和请求上下文,请求处理完成后再将其删除。应用上下文被推送后,就可以在当前线程中使用 current_app 和 g 变量。类似地,请求上下文被推送后,就可以使用 request 和 session 变量。如果使用这些变量时没有激活应用上下文或请求上下文,就会导致错误。两者的区别:

应用上下文:Flask 应用程序运行过程中,保存的一些配置信息,比如路由列表、程序名、数据库连接、应用信息等;

请求上下文:保存了客户端和服务器交互的数据,一般来自客户端。

下述Python shell 会话演示了应用上下文 current_app 的使用方法:

```
>>>from hello import app
>>>from flask importcurrent_app
>>>current_app.name
Traceback (most recent call last):
...
RuntimeError: working outside of application context
>>>app_ctx = app.app_context()
>>>app_ctx.push() # 推送
>>>current_app.name
'hello'
>>>app_ctx.pop() # 删除
```

在这个例子中,没激活应用上下文之前就调用 current_app.name 会导致错误,但推送完上下文之后就可以调用了。注意,获取应用上下文的方法是在应用实例上调用 app.app_context()。接下来,我们通过单个应用,进一步理解应用上下文。

(1) current_app

应用程序上下文,用于存储应用程序中的变量,可以通过 current_app.name 打印当前 app 的名称，也可以在 current_app 中存储一些变量，例如：

① 应用的启动脚本是哪个文件，启动时指定了哪些参数；

② 加载了哪些配置文件，导入了哪些配置；

③ 连接了哪个数据库；

④ 有哪些可以调用的工具类、常量；

⑤ 当前 Flask 应用在哪个机器上，在哪个 IP 上运行，内存有多大。

```
1.  from flask import Flask,request,session,current_app,g
2.  app = Flask()
3.
4.  @app.route(rule='/')
5.  def index():
6.      print(current_app.config)   # 获取当前项目的所有配置信息
7.      print(current_app.url_map)  # 获取当前项目的所有路由信息
8.      return '<h1>hello world! </h1>'
9.
10. if __name__ == '__main__':
11.     app.run(debug=True)
```

（2）g 变量（global）

g 作为 Flask 程序全局的一个临时变量，充当着中间媒介的作用，我们可以通过它传递一些数据。g 保存的是当前请求的全局变量，不同的请求会有不同的全局变量，通过不同的 thread id（线程 id）来区别。

```
1.  from flask import Flask,request,session,current_app,g
2.  app = Flask()
3.
4.  @app.before_request
5.  def before_request():
6.      g.name = 'root'
7.
8.  def get_two_func():
9.      name = g.name
10.     print('g.name = %s' % name)
11.
12. def get_one_func():
13.     get_two_func()
14.
15. @app.route(rule='/')
16. def index():
17.     print(current_app.config)   # 获取当前项目的所有配置信息
18.     print(current_app.url_map)  # 获取当前项目的所有路由信息
19.     get_one_func()
```

```
20.         return '<h1>hello world! </h1>'
21.
22.     if __name__ == '__main__':
23.         app.run(debug = True)
```

不同的请求生命周期也不同：current_app 的生命周期最长，只要当前程序实例还在运行，都不会失效；request 和 g 的生命周期为一次请求期间，当请求处理完成后，生命周期也就完结；session 只要未失效(用户未关闭浏览器或没有超过设定的失效时间)，那么不同的请求会共用同样的 session。

2.9.2 请求分派

应用收到客户端发来的请求时，要找到处理该请求的视图函数。为了完成这个任务，Flask 会在应用的 URL 映射中查找请求的 URL。URL 映射是 URL 和视图函数之间的对应关系。

Flask 使用 app. route 装饰器或者作用相同的 app. add_url_rule()方法构建映射。

要想查看 Flask 应用中的 URL 映射是什么样子，可以在 Python shell 中审查为 hello. py 生成的映射。测试之前，请确保已激活虚拟环境：

```
(venv) $ python
>>>from hello import app
>>>app.url_map
Map([<Rule '/' (HEAD, OPTIONS, GET) ->index>,
<Rule '/static/<filename>' (HEAD, OPTIONS, GET) ->static>,
<Rule '/user/<name>' (HEAD, OPTIONS, GET) ->user>])
```

/和/user/<name>路由在应用中使用 app. route 装饰器定义。/static/<filename>路由是 Flask 添加的特殊路由，用于访问**静态文件**。第 3 章将详细介绍静态文件。

URL 映射中的(HEAD, OPTIONS, GET)是**请求方法**，由路由进行处理。HTTP 规范中规定，每个请求都有对应的处理方法，这通常表示客户端想让服务器执行什么样的操作。Flask 为每个路由指定了请求方法，这样即使不同的请求方法发送到相同的 URL 上，也会使用不同的视图函数处理。HEAD 和 OPTIONS 方法由 Flask 自动处理，因此可以这么说，在这个应用中，URL 映射中的 3 个路由都使用 GET 方法(表示客户端想请求信息，例如一个网页)。第 4 章将介绍如何为路由指定不同的请求方法。

2.9.3 请求对象

我们知道，Flask 通过上下文变量 request 对外开放请求对象。这个对象非常有用，包含客户端发送的 HTTP 请求的全部信息。Flask 请求对象中最常用的属性和方法如表 2-4 所列。

表 2-4 Flask 请求对象

属性或方法	说 明
form	字典,存储请求提交的所有表单字段
args	字典,存储通过 URL 查询字符串传递的所有参数
values	字典,form 和 args 的合集
cookies	字典,存储请求的所有 cookie
headers	字典,存储请求的所有 HTTP 首部
files	字典,存储请求上传的所有文件
get_data()	返回请求主体缓冲的数据
get_json()	返回一个 Python 字典,包含解析请求主体后得到的 JSON
blueprint	处理请求的 Flask 蓝本的名称;蓝本在第 7 章介绍
endpoint	处理请求的 Flask 端点的名称;Flask 把视图函数的名称用作路由端点的名称
method	HTTP 请求方法,例如 GET 或 POST
scheme	URL 方案(http 或 https)
is_secure()	通过安全的链接(HTTPS)发送请求时返回 True
host	请求定义的主机名,如果客户端定义了端口号,还包括端口号
path	URL 的路径部分
query_string	URL 的查询字符串部分,返回原始二进制值
full_path	URL 的路径和查询字符串部分
url	客户端请求的完整 URL
base_url	同 URL,但没有查询字符串部分
remote_addr	客户端的 IP 地址
environ	请求的原始 WSGI 环境字典

假设 URL 为 http://localhost/query? userId=123,request 对象中与 URL 参数相关的属性如表 2-5 所列。

表 2-5 URL 参数相关属性

属 性	说 明
url	http://localhost/query? userId=123
base_url	http://localhost/query
host	localhost
host_url	http://localhost/
path	/query
full_path	/query? userId=123

以下是一些常用的属性和方法，以及简单的示例说明。

(1) request. method

获取 HTTP 请求的方法，比如 GET、POST、PUT 等。示例代码：

```
1.  from flask import Flask, request
2.  app = Flask(__name__)
3.  @app.route('/', methods=['GET', 'POST'])
4.  def index():
5.      method = request.method
6.      return f'The HTTP method is {method}'
```

(2) request. args

获取 HTTP 请求中的查询参数，以字典的形式返回。示例代码：

```
1.  from flask import Flask, request
2.  app = Flask(__name__)
3.  @app.route('/')
4.  def index():
5.      name = request.args.get('name', 'Anonymous')
6.      return f'Hello, {name}! '
```

(3) request. form

获取 HTTP POST 请求中的表单数据，以字典的形式返回。示例代码：

```
1.  from flask import Flask, request
2.  app = Flask(__name__)
3.  @app.route('/', methods=['POST'])
4.  def index():
5.      username = request.form.get('username')
6.      password = request.form.get('password')
7.      return f'Username: {username}, Password: {password}'
```

(4) request. cookies

获取 HTTP 请求中的 Cookie 信息，以字典的形式返回。示例代码：

```
1.  from flask import Flask, request
2.  app = Flask(__name__)
3.  @app.route('/')
4.  def index():
5.      username = request.cookies.get('username')
6.      return f'Hello, {username}! '
```

(5) request. remote_addr

获取 HTTP 请求的客户端 IP 地址。示例代码：

```
1.  from flask import Flask, request
```

```
2.    app = Flask(__name__)
3.    @app.route('/')
4.    def index():
5.        ip = request.remote_addr
6.        return f'Your IP address is {ip}'
```

(6) request.headers

获取 HTTP 请求的头信息,以字典的形式返回。示例代码:

```
1.    from flask import Flask, request
2.    app = Flask(__name__)
3.    @app.route('/')
4.    def index():
5.        user_agent = request.headers.get('User-Agent')
6.        return f'Your User-Agent is {user_agent}'
```

(7) request.files

用于获取上传的文件数据。示例代码:

```
1.    from flask import Flask, request
2.    app = Flask(__name__)
3.    @app.route('/', methods = ['POST'])
4.    def index():
5.        file = request.files['file']
6.        file.save('/path/to/save/file')
7.        return 'Success'
```

在这个例子中,我们使用 request.files 获取上传的文件数据,然后将文件保存到指定的路径中。需要注意的是,request.files 返回的是一个字典,可以根据表单中的文件字段名来获取对应的文件数据。

2.9.4 请求钩子

有时在处理请求之前或之后执行代码会很有用。例如,在请求开始时,我们可能需要创建数据库链接或者验证发起请求的用户身份。为了避免在每个视图函数中都重复编写代码,Flask 提供了注册通用函数的功能,注册的函数可在请求被分派到视图函数之前或之后调用。

请求钩子通过装饰器实现。Flask 支持以下 5 种钩子。

(1) before_request

注册一个函数,在每次请求之前运行。例如:用于链接数据库的链接,或者从 session 会话中加载登录用户。注意,该函数不需要任何参数,如果其返回了一个非空的值,则其将会作为当前视图的返回值。

```
1.    from flask import Flask
```

```
2.    app = Flask(__name__)
3.
4.    @app.before_request
5.    def before_request():
6.        print('before request started')
7.        return 'example01'
8.
9.    @app.route('/')
10.   def index():
11.       return 'Hello world'
12.
13.   if __name__ == '__main__':
14.       app.run(debug = True)
```

运行后，当访问 localhost:5000/时，前端渲染的值为 example01，而不是 Hello world。当注释掉第 7 行代码时，正常返回 Hello world，但在此之前先打印了“'before request started'”，也就是说，一些预处理就可以放在这里，如写入访问者时间、IP 地址等基础数据。

(2) before_first_request

注册一个函数，只在处理应用程序实例的第一个请求之前运行。可以通过这个钩子添加服务器初始化任务，例如初始化加载一次性的数据。和 before_request 不同的是，它的非空返回值会被忽略。

```
1.    from flask import Flask, g, request
2.    app = Flask(__name__)
3.
4.    @app.before_request
5.    def before_request():
6.        print('before request started')
7.
8.    @app.before_first_request
9.    def before_request():
10.       print('before first request started')
11.
12.   @app.route('/')
13.   def index():
14.       return 'Hello'
15.
16.   if __name__ == '__main__':
17.       app.run(debug = True)
```

(3) after_request

注册一个函数，如果没有未处理的异常抛出，则在每次请求之后运行。除了运行的时间和上面不同之外，after_request 这个函数带有一个参数，用来接收 response_class，它是一个响应对象，一般用来统一修改响应的内容，比如修改响应头。

（4）teardown_request

注册一个函数，即使有未处理的异常抛出，也在每次请求之后运行。在每次请求结束调用时，不管是否出现异常，teardown_request 都需要一个参数。这个参数用来接收异常，没有异常的情况下这个参数的值为 None。一般它用来释放程序所占用的资源，比如释放数据库链接。

after_request 和 teardown_request 的区别在于，从 Flask 0.7 开始，如果出现未处理的异常，after_request 将不会被执行，而 teardown_request 将正常运行并接收异常；另外，两者的执行顺序不同，after_request 先执行，teardown_request 后执行。示例如下：

```
1.  from flask import Flask, g, request
2.  app = Flask(__name__)
3.
4.  @app.before_request
5.  def before_request():
6.      print('before request started, %s' % request.url)
7.
8.  @app.before_first_request
9.  def before_request():
10.     print('before first request started, %s' % request.url)
11.
12. @app.route('/error')
13. def error():
14.     print('execute request with error')
15.     1/0
16.     return 'Hello World'
17.
18. @app.after_request
19. def after_request(reponse):
20.     print('after request started, %s' % request.url)
21.     response.headers['Content-Type'] = 'application/json'
22.     response.headers['Company'] = 'python oldboy...'
23.     # 必须返回 response 参数
24.     return reponse
25.
26. @app.teardown_request
27. def teardown_request(exception):
28.     print('teardown request, %s, %s' % (exception,request.url))
29.     # 无须返回参数
30.
31. @app.route('/')
```

```
32.  def index():
33.      return 'Hello'
34.
35.  if __name__ == '__main__':
36.      app.run(debug = True)
```

当运行上面代码并访问 http://localhost:5000/error 时，执行处理函数 error，执行请求结束后，会调用 after_request 和 teardown_request。该函数执行期间发生异常(ZeroDivisionError，分母为零)，异常传递给 teardown_request 钩子函数的 exception 对象就是 ZeroDivisionError。

(5) errorhandler

发生一些异常时，如果出现 HTTP 404、HTTP 500 错误，或者抛出异常，就会自动调用该钩子函数。例如：

```
1.  @app.errorhandler(404)
2.  def errorhandler(e):
3.  print('error_handler(404)')
4.  print(e)
5.  return '404 Error'
```

此外，在请求钩子函数和视图函数之间共享数据，一般使用上下文全局变量 g。例如，before_request 处理程序可以从数据库中加载已登录用户，并将其保存到 g.user 中。随后调用视图函数时，便可以通过 g.user 获取用户。

2.9.5 响应 Response

Flask 调用视图函数后，会将其返回值作为响应的内容。多数情况下，响应就是一个简单的字符串，作为 HTML 页面回送至客户端。

但 HTTP 协议需要的不仅是作为请求响应的字符串。HTTP 响应中一个很重要的部分是状态码，Flask 默认设为 200，表明请求已被成功处理。

如果视图函数返回的响应需要使用不同的状态码，可以把数字代码作为第二个返回值，添加到响应文本之后。例如：

```
1.  @app.route('/')
2.  def index():
3.  return '<h1>Bad Request</h1>', 400   #返回 400 状态码，表示请求无效
```

视图函数返回的响应还可接受第三个参数，这是一个由 HTTP 响应首部组成的字典。

如果不想返回由 1 个、2 个或 3 个值组成的元组，Flask 视图函数还可以返回一个响应对象。make_response()函数可接受 1 个、2 个或 3 个参数(和视图函数的返回值一样：字符串、状态码、请求头)，然后返回一个等效的响应对象。有时我们需要在视图函数中生成响应对象，然后在响应对象上调用各个方法，进一步设置响应。下例是创建

一个响应对象：

```
1.    from flask import make_response
2.    from flask import Response
3.
4.    @app.route("/page_two")
5.    def page_two():
6.        response = make_response('page_two page', 200)
7.        response.headers["name"] = "page_four"
8.        return response
9.
10.   @app.route("/page_three")
11.   def page_three():
12.       response = make_response('page_three page')
13.       return response, 200, {"name": "page_three"}
14.
15.   @app.route("/page_four")
16.   def page_four():
17.       response = make_response('page_four page', 200, {"name": "page four"})
18.       return response
19.
20.   @app.route('/')
21.   def index():
22.       response = make_response('<h1>This document carries a cookie! </h1>')
23.   #make_response(redirect(url_for('.index')))
24.   # {% set moderate = True %}
25.   # resp = Response()
26.       response.set_cookie('answer', '42')
27.       return response
```

响应对象最常使用的属性和方法如表2-6所列。

表2-6 Flask响应对象

属性或方法	说明
status_code	HTTP数字状态码
headers	一个类似字典的对象，包含随响应发送的所有首部
set_cookie()	为响应添加一个cookie
delete_cookie()	删除一个cookie
content_length	响应主体的长度
content_type	响应主体的媒体类型
set_data()	使用字符串或字节值设定响应
get_data()	获取响应主体

我们再举一个用户登录的例子，通过 set_cookie()识别用户。

```
1.  from flask import Flask, request, Response
2.
3.  app = Flask(__name__)
4.
5.  @app.route('/login', methods=["get", "post"], endpoint='login')
6.  def login():
7.      if request.method == "POST":
8.          response = Response()
9.          name = request.form.get("name")
10.         pwd = request.form.get("pwd")
11.         if name and pwd:
12.             if name == 'admin' and pwd == '123':
13.                 response.data = '登录成功'
14.                 # 注意，不要用明文作为账号密码设置 cookie
15.                 response.set_cookie('name', 'admin')
16.                 response.set_cookie('pwd', '123')
17.             else:
18.                 response.data = '用户名或密码错误'
19.         else:
20.             response.data = '用户名或密码不能为空'
21.         return response
22.     elif request.method == 'GET':
23.         # 重定向页面
24.         return redirect(url_for('.login'))
25.
26. if __name__ == "__main__":
27.     app.run(debug=True)
```

响应有种特殊的类型，称为**重定向**。这种响应没有页面文档，只会告诉浏览器一个新 URL，用以加载新页面。重定向经常在 Web 表单中使用，第 4 章会介绍该内容。

重定向的状态码通常是 302，在 Location 首部中提供目标 URL。重定向响应可以使用 3 个形式的返回值生成，也可在响应对象中设定。不过，由于使用频繁，Flask 提供了 redirect()辅助函数，用于生成这种响应，例如：

```
1.  from flask import redirect
2.
3.  @app.route('/')
4.  def index():
5.      return redirect('http://www.example.com')
```

还有一种特殊的响应由 abort()函数生成，用于处理错误。如果 URL 中动态参数 id 对应的用户不存在，就返回状态码 404，例如：

```
1.  from flask import abort
2.
3.  @app.route('/user/<id>')
4.  def get_user(id):
5.      user = load_user(id)
6.      if not user:
7.          abort(404)
8.      return '<h1>Hello, {}</h1>'.format(user.name)
```

注意,abort()不会把控制权交还给调用它的函数,而是抛出异常。

为了加深理解,再举一个不同类型反应的示例:

```
1.  from flask import Flask, request, abort, Response, jsonify, make_response
2.  import json
3.
4.  app = Flask(__name__)
5.
6.  # 以元组的响应
7.  @app.route("/tuple/")
8.  def response_tuple():
9.      # 最简单的响应
10.     # return "响应成功"
11.
12.     # 状态码和首部可缺省。状态码缺省时,默认 200
13.     # return "响应成功", 200
14.     # return "响应成功", {"token": 666}
15.
16.     # 状态码可自定义
17.     # return "响应成功", 666  # 使用非标准 http 状态码,浏览器中会显示 UNKNOWN
18.     # return "响应成功", "666 good"
19.
20.     # 设置多个响应首部信息
21.     return "响应成功", {"token": 666, "uid": 777}
22.
23. # abort 函数
24. @app.route("/login/")
25. def login():
26.     username = request.args.get("username")
27.     password = request.args.get("password")
28.     if username != "admin" or password != "admin":
29.         # 使用 abort 函数可以立即终止视图函数的执行,类似于 return,但是 abort 可以返
            # 回特定信息给前端
30.         # (1)返回标准的 http 状态码。比如 200、300、400、500,若返回 600 则报错
31.         abort(403)
```

```
32.             # (2)传递响应体信息,但是这与 return 效果一样,所以 abort 多用于返回状态码
33.             # resp = Response("login failed")
34.         # abort(resp)
35.         return "login success"
36.
37.     #使用 errorhandler 装饰器自定义异常处理
38.     #自定义 404 状态的信息
39.     @app.errorhandler(404)
40.     def error(msg):
41.         return F"访问的页面不存在,{msg}"
42.
43.     #使用 jsonify 函数返回 json 数据
44.     @app.route("/json/")
45.     def response_json():
46.         data = {"name": "zhangsan", "age": 18}
47.
48.         # 返回 json 数据
49.         # 1  使用 json 包转换数据
50.         # json.dumps(dict)  将字典转换为 json 字符串
51.         # json.loads(json 字符串)   将 json 字符串转换为字典
52.         # 1.1  将字典类型数据转换为 json 字符串
53.         data_json = json.dumps(data)      # {"name": "zhangsan", "age": 18}
54.         # print(type(data_json))       # <class 'str'>
55.         # 1.2  使用元组响应的方式修改 Content-Type 的值为 json,如果不改值则为 text/html;
            charset = utf - 8
56.         # return data_json, 200, {"Content-Type": "application/json"}
57.
58.         # 2  使用 Flask 封装的 jsonify 函数
59.         # 2.1  数据能以键值对的方式传入
60.         # data_json = jsonify(name = "张三", age = "18")
61.         # 2.2  数据也能以字典的方式传入
62.         data_json = jsonify(data)
63.         return data_json
64.
65.     #使用 make_response 函数自定义响应信息
66.     @app.route("/response/")
67.     def response():
68.         data = {"name": "zhangsan", "age": 18}
69.         # 自定义响应文本
70.         resp = make_response(jsonify(data))
71.         # 自定义响应首部
72.         resp.headers["token"] = "aaaaa"
73.         # 自定义响应状态码
```

```
74.        resp.status = "666 status_description"
75.        # 自定义 cookie
76.        resp.set_cookie("uid", "888")
77.        return resp
78.
79.    if __name__ == '__main__':
80.        app.run()
```

注意,该示例中的不同响应数据,其获取方式也不同,在后续章节中我们会陆续用到。

2.9.6 对比 cookie 与 session

1. 操作 cookie

在网站中,http 请求是无状态的,也就是说,即使第一次和服务器连接后并且登录成功后,第二次请求服务器依然不能知道当前请求是哪个用户。cookie 的出现就是为了解决这个问题,第一次登录后服务器返回一些数据(cookie)给浏览器,然后浏览器保存在本地,当该用户发送第二次请求的时候,就会自动地把上次请求存储的 cookie 数据携带给服务器,服务器通过浏览器携带的数据就能判断当前用户是哪个。

但是 cookie 存储大小是有限的,不同的浏览器有不同的存储大小,但一般不超过 4 KB。因此使用 cookie 只能存储一些小量的数据。在 Flask 中可以通过 make_response 设置 cookie。

设置 cookie 有效期的方式一:max_age。max_age 的单位为秒,即距离现在多少秒后 cookie 会过期。

```
1.    from flask import Response
2.    ...
3.    @app.route('/set_cookie')
4.    def set_cookie():
5.        html = render_template('get_cookie.html')
6.        resp = Response()
7.        resp.set_cookie('uname','admin',max_age=60 ) # 3 天免登录   max_age=60*60*24*3
8.        return resp
9.
10.   @app.route('/get_cookie')
11.   def get_cookie():
12.       cookie = request.cookies.get('uname')
13.       return render_template('get_cookie.html', cookie = cookie)
14.
15.   @app.route('/del_cookie')
16.   def del_cookie():
17.       html = render_template('get_cookie.html')
```

```
18.         resp = Response(html)
19.         resp.delete_cookie('uname')
20.         return resp
21.     ...
22.     if __name__ == '__main__':
23.         app.run(debug = True)
```

视图模板文件 get_cookie.html 代码如下：

```
1.    <html>
2.    <meta charset = 'UTF - 8' >
3.    <title>在服务端获取 cookie</title>
4.
5.    <body>
6.    <h2>在服务端获取 cookie: <b>{{cookie}}<b/></h2>
7.    </body>
8.    </html>
```

设置 cookie 有效期的方式二：通过 expires 参数设置有效期，expires 有效期使用 datetime 格式，并且采用的是格林尼治时间(北京时间+8 小时)。

```
1.    from datetime import datetime
2.    # ex = datetime(year = 2022 ,month = 4,day = 1,hour = 0,minute = 0,second = 0)
3.    ex = datetime.now() + timedelta(days = 15,hours = 24)   # 15 天有效
4.    resp.set_cookie('uname','momo',expires = ex)
```

使用 Response 对象的 delete_cookie 方法，指定 cookie 的 key，就可以删除对应的 value。

```
resp.delete_cookie('pwd')
```

2. 操作 session

session 和 cookie 的作用有点类似，都是为了存储用户相关的信息，用以解决 http 协议无状态的这个特点。不同的是，cookie 信息是存储在客户端，而 session 信息是存储在服务器端。

在浏览网页时，客户端会发送给服务器信息，服务器验证成功之后，把用户的信息存储到服务器 session 中(这里 session 可以看成一个加密盒子)，然后再通过 salt(混淆原数据，即加密)的机制，随机生成一个随机数 session_id，用来标识刚才的信息并存储到 session，之后再把这个 session_id 作为 cookie 返回给浏览器。

当浏览器以后再请求服务器时，会把这个 session_id 通过 cookie 技术上传到服务器上，服务器提取 session_id 进行匹配，在盒子里找到相应的信息，就能达到安全识别用户的需求。

在 Flask 中操作 session：

```
1.  from flask import session
2.  session['uname'] = 'admin'     # 创建 seesion,格式类似于字典(key:value 形式)
3.  session.get(key)               # 获取 session
4.  session.pop(key)               # 删除单个 key
5.  session.clear()                # 删除全部
```

session 的有效期:如果没有设置 session 的有效期,那么默认就是浏览器关闭后过期;如果设置为 session.permanent=True,那么就会默认在 31 天后过期。

自定义 session 有效期:app.config['PERMANENT_SESSION_LIFETIME'] = timedelta(hour=2)。timedelta()内可以添加 day,mouth,year 等。

接下来,看一个相对完整的例子:

```
1.  from flask import Flask,session,Response,make_response
2.  from datetime import  timedelta
3.
4.  import os
5.  app = Flask(__name__)
6.  app.config['PERMANENT_SESSION_LIFETIME'] = timedelta(hour = 2)
7.  app.config['SECRET_KEY'] = os.urandom(24)
8.
9.  #设置 session
10. @app.route('/')
11. def index():
12.     session['uname'] = 'admin'
13.     session['pwd'] = '123456'
14.     # resp = Response()
15.     # resp.set_cookie('session','session_id 是随机且唯一的一个数')
16. #make_response(redirect(url_for('.index')))
17. # {% set moderate = True %}
18.
19.     session.permanent = True
20.     return 'Hello World! '
21.
22. #获取 session
23. @app.route('/GetSession/')
24. def GetSession():
25.     uname = session.get('uname')
26.     pwd = session.get('pwd')
27.     print(pwd)
28.     return  uname or 'No session'
29.
30. #删除 session
31. @app.route('/deleteSession/')
```

```
32.  def deleteSession():
33.      # 删除单个的 key
34.      # session.pop('uname')
35.      # session.pop('pwd')
36.      # 删除全部的 session
37.      session.clear()
38.      return  'Delete  all'
39.
40.  if __name__ == '__main__':
41.      app.run(debug=True)
```

执行上述代码,访问主页 http://localhost:5000/,会在 session 中设置用户的名称及密码,主页显示“'Hello World! '”。访问 http://localhost:5000/GetSession 获取 session 中的用户命名,主页显示“'admin'”。访问 http://localhost:5000/deleteSession 删除 session 中的所有参数。

3. JS 操作 cookie

为了让读者更了解 cookie 的作用,接着使用 JavaScripts 在前端操作 cookie。首先我们单独写一个 JS 脚本,定义一个函数,实现 cookie 读/写,代码实现如下:

```
1.   var Cookie = {
2.       set:function (key, value, exdays) {
3.           letexdate = new Date() // 获取时间
4.           exdate.setTime(exdate.getTime() + 24 * 60 * 60 * 1000 * exdays)// 保存的天数
5.           // 字符串拼接 cookie
6.           // eslint - disable - next - line camelcase
7.           window.document.cookie = key + '=' + value + ';path=/;expires=' + exdate.
             toGMTString()
8.       },
9.
10.      get:function (key) {
11.          if (document.cookie.length >0) {
12.              var arr = document.cookie.split('; ') // 这里显示的格式需要切割一下,自己
                                                        //可输出看一下
13.              for (let i = 0; i <arr.length; i++) {
14.                  let arr2 = arr[i].split('=') // 再次切割
15.                  // 判断查找相对应的值
16.                  if (arr2[0] === key) {
17.                      return arr2[1]
18.                  }
19.              }
20.          }
21.      },
```

```
22.
23.       remove:function (key) {
24.           set(key, '', -1);
25.       }
26.   };
```

在某个项目的登录界面<script>标签中,使用如下代码:

```
1.  if( $ ("#rememberme").is(":checked")){
2.      Cookie.set("username.com",username,100);//表示保存 100 天
3.      Cookie.set("password.com",password,100)
4.      }else {
5.          Cookie.set("username.com","", -1);//表示删除 cookie
6.          Cookie.set("password.com","", -1)
7.      }
```

最后,通过 JS 是没有办法在前端直接对 session 进行操作的。

2.10 Flask 扩展包

Flask 的设计考虑了可扩展性,故而没有提供一些重要的功能,例如数据库和用户身份验证,所以开发者可以自由选择最适合应用的包,或者按需求自行开发。Flask 常用扩展列表,如表 2-7 所列。

表 2-7 常用扩展列表

扩展名	说　明
Flask-script	插入脚本
Flask-migrate	管理迁移数据库
Flask-Session	Session 存储方式指定
Flask-WTF	表单
Flask-Mail	邮件
Flask-Bable	提供国际化和本地化支持,翻译
Flask-Login	认证用户状态
Flask-OpenlD	认证
Flask-RESTful	开发 RESTAPI 的工具
Flask-Bootstrap	集成前端 TwiterBootstrap 框架
Flask-Moment	本地化日期和时间
Flask-Admin	简单而可扩展的管理接口的框架
Flask-pymongo	操作数据库
Flask-SQLalchemy	操作数据库

Flask 社区成员开发了大量不同用途的 Flask 扩展，如果还不能满足需求，任何 Python 标准包或代码库都可以使用。第 3 章将首次用到 Flask 扩展。

本章介绍了请求响应的概念，不过响应的知识还有很多。Flask 为使用模板生成响应提供了良好支持，这是个很重要的话题，下一章会专门讨论。

第3章 模 板

要想开发出易于维护的应用，关键在于编写形式简洁且结构良好的代码。目前为止，你看到的示例都太简单，无法说明这一点，但 Flask 视图函数的两个完全独立的作用却被融合在了一起，这就产生了一个问题。

视图函数的作用很明确，即生成请求的响应，如第 2 章中的示例所示。对最简单的请求来说，这就足够了，但很多情况下，请求会改变应用的状态，而这种变化就发生在视图函数中。

以用户在网站中注册新账户的过程为例。用户在表单中输入电子邮件地址和密码，然后单击提交按钮。服务器接收到包含用户输入数据的请求，然后 Flask 把请求分派给处理注册请求的视图函数。这个视图函数需要访问数据库，添加新用户，然后生成响应回送浏览器，指明操作成功还是失败。这两个过程分别称为**业务逻辑**（后端）和**表现逻辑**（前端）。

把业务逻辑和表现逻辑混在一起会导致代码难以理解和维护。假设要为一个大型表格构建 HTML 代码，表格中的数据由数据库中读取的数据及必要的 HTML 字符串连接在一起。

把表现逻辑移到模板中能提升应用的可维护性。**模板**是包含响应文本的文件，其中包含用占位变量表示的动态部分，其具体值只在请求的上下文中才能知道。使用真实值替换变量，再返回最终得到的响应字符串，这一过程称为**渲染**。为了渲染模板，Flask 使用一个名为 Jinja2 的强大模板引擎。

3.1 Jinja2 模板引擎

形式最简单的 Jinja2 模板就是一个包含响应文本的文件。示例 3－1 是一个 Jinja2 模板，它和示例 2－1 中 index()视图函数的响应一样。

示例 3－1 templates/index.html：Jinja2 模板。

```
1.  <h1>Hello World!</h1>
```

示例 2－2 中，视图函数 user()返回的响应中包含一个使用变量表示的动态部分。示例 3－2 使用模板实现了这个响应。

示例 3－2 templates/user.html：Jinja2 模板。

```
1.  <h1>Hello, {{ name }}!</h1>
```

3.1.1 渲染模板

默认情况下,Flask 在应用目录中的 templates 子目录里寻找模板。在下一个 hello.py 版本中,你要新建 templates 子目录,再把前面定义的模板保存在里面,分别命名为 index.html 和 user.html。

应用中的视图函数需要修改一下,以便渲染这些模板。修改方法参见示例 3-3。

示例 3-3 hello.py:渲染模板。

```
1.  from flask import Flask, render_template
2.
3.  # ...
4.
5.  @app.route('/')
6.  def index():
7.      return render_template('index.html')
8.
9.  @app.route('/user/<name>')
10. def user(name):
11.         return render_template('user.html', name = name)
```

Flask 提供的 render_template()函数把 Jinja2 模板引擎集成到了应用中。这个函数的第一个参数是模板的文件名,随后的参数都是键-值对,表示模板中变量对应的具体值。在这段代码中,第二个模板收到一个名为 name 的变量。

示例 3-3 中的 name=name 是经常使用的关键字参数,如果你不熟悉的话,可能不知所云。左边的 name 表示参数名,就是模板中使用的占位符;右边的 name 是当前作用域中的变量,表示同名参数的值。两侧使用相同的变量名是很常见的,但不强制要求。

注意,运行 3a 中的代码查看效果,初次运行可能由于 Flask 版本过高会出现错误:ModuleNotFoundError: No module named 'flask._compat'。解决方法如下:

```
(venv) $ pip uninstall flask
(venv) $ pip install Flask==1.1.4
(venv) $ pip install flask_script -i https://pypi.tuna.tsinghua.edu.cn/simple
```

3.1.2 变量及占位符

示例 3-2 在模板中使用的{{ name }}结构表示一个变量,这是一种特殊的**占位符**,告诉模板引擎这个位置的值从渲染模板时使用的数据中获取。Jinja2 语法中有 5 种常见的占位符,如表 3-1 所列。

表 3-1 Jinja2 占位符

占位符	说 明
{{变量}}	将变量放置在 {{ 和 }} 之间
{%语句 %}	将语句放置在 {% 和 %} 之间
#语句	将语句放置在 # 之后
{#注释 #}	将注释放置在 {# 和 #} 之间
##注释	将注释放置在 # 之后

下面的模板文件包含了所有常见的占位符用法：

```
1.  <!DOCTYPE html>
2.  <html lang="en">
3.  <body>
4.      {{ variable }}
5.
6.      <ul>
7.      {% for item in seq %}
8.          <li>{{ item }}</li>
9.      {% endfor %}
10.     </ul>
11.
12.     <ul>
13.     # for item in seq
14.         <li>{{ item }}</li>
15.     # endfor
16.     </ul>
17.
18.     {# this is comment #}
19.     ## this is comment
20. </body>
21. </html>
```

Jinja2 能识别所有类型的变量，甚至是一些复杂的类型，例如列表、字典和对象。下面是在模板中使用变量的一些示例：

```
1.  <p>A value from a dictionary: {{ mydict['key'] }}.</p>
2.  <p>A value from a list: {{ mylist[3] }}.</p>
3.  <p>A value from a list, with a variable index: {{ mylist[myintvar] }}.</p>
4.  <p>A value from an object's method: {{ myobj.somemethod() }}.</p>
```

Jinja2 提供的 tests 可以用来在语句里对变量或表达式进行测试，语法如下：

```
{% variable is test %}
```

常用的变量 tests 方法及功能说明如表 3-2 所列。

表 3-2 Jinja2 变量测试

tests 方法	功能说明
defined	变量是否已经定义
boolean	变量的类型是否是 boolean
integer	变量的类型是否是 integer
float	变量的类型是否是 float
string	变量是否是 string
mapping	变量的类型是否是字典
sequence	变量的类型是否是序列
even	变量是否是偶数
odd	变量是否是奇数
lower	变量是否是小写
upper	变量是否是大写

举一个例子说明测试方法在模板中的应用：

```
1.   <html>
2.   {% if number is odd %}
3.       <p>{{ number }} is odd
4.   {% else %}
5.       <p>{{ number }} is even
6.   {% endif %}
7.
8.   {% if string is lower %}
9.       <p>{{ string }} is lower
10.  {% else %}
11.      <p>{{ string }} is upper
12.  {% endif %}
13.  </html>
```

变量的值还可以使用**过滤器**(filters)修改。过滤器添加在变量名之后，二者之间以竖线分隔。例如，下述模板把 name 变量的值变成首字母大写的形式：

```
Hello,{{ name | capitalize }}
```

在 Jinja2 中，过滤器是可以支持**链式调用**的，示例如下：

```
{{ 'hello world' | reverse | upper }}
```

表3-3列出了Jinja2提供的部分常用过滤器。

表3-3 Jinja2变量过滤器

过滤器名	说明
safe	渲染值时不转义
capitalize	把值的首字母转换成大写，其他字母转换成小写
lower	把值转换成小写形式
upper	把值转换成大写形式
title	把值中每个单词的首字母都转换成大写
trim	把值的首尾空格删掉
striptags	渲染之前把值中所有的HTML标签都删掉

safe过滤器值得特别说明一下，默认情况下，出于安全考虑，Jinja2会转义所有变量。例如，如果一个变量的值为'<h1>Hello</h1>'，Jinja2会将其渲染成'<h1>Hello</h1>'，浏览器能显示这个h1元素，但不会解释它。很多情况下需要显示变量中存储的HTML代码，这时就可使用safe过滤器。

千万不要在不可信的值上使用safe过滤器，例如用户在表单中输入的文本。

Jinja2官方文档：http://jinja.pocoo.org/docs/2.10/templates/#builtin-filters。

3.1.3 自定义过滤器

过滤器的本质是函数。当模板内置的过滤器不能满足需求，可以自定义过滤器。自定义过滤器有两种实现方式：一种是通过Flask应用对象的add_template_filter方法；一种是通过装饰器来实现自定义过滤器。注意，自定义的过滤器名称如果和内置的过滤器重名，会覆盖内置的过滤器。

方式一，通过调用应用程序实例的add_template_filter方法实现自定义过滤器。该方法第一个参数是函数名，第二个参数是自定义的过滤器名称。

```
1.  #自定义过滤器
2.  def do_list_reverse(old_list):
3.      new_list = list(old_list)
4.      new_list.reverse()
5.      return new_list
6.  #注册过滤器
7.  app.add_template_filter(do_list_reverse, 'lrev')  # lrev为过滤器名称
```

方式二，用装饰器来实现自定义过滤器。装饰器传入的参数是自定义的过滤器名称。

```
1.  @app.template_filter('lrev')
2.  def do_list_reverse(old_list):
```

```
3.        new_list = list(old_list)
4.        new_list.reverse()
5.        return new_list
```

然后,在视图模板中{{ is_list | lrev }},即可对列表进行翻转。

方式三,使用 Jinjia2 自带过滤器。

```
1.    {{is_list | sort(reverse = True) }}
```

可以发现,使用自带的过滤器最简洁。

3.1.4 控制结构

Jinja2 提供了多种控制结构,可用来改变模板的渲染流程。本小节通过简单的例子介绍其中最有用的一些控制结构。

下面这个例子展示如何在模板中使用 if 条件判断语句:

```
1.    {% if user %}
2.        Hello,{{ user }}!
3.    {% else %}
4.        Hello, Stranger!
5.    {% endif %}
```

另一种常见的需求是在模板中渲染一组元素。下面这个例子展示了如何使用 for 循环来实现:

```
1.    <ul>
2.        {% for comment in comments %}
3.            <li>{{ comment }}</li>
4.        {% endfor %}
5.    </ul>
6.    常见表格模板渲染:
7.    <table>
8.        <thead>
9.            <tr>
10.               <th>序号 0 开始</th>
11.               <th>序号 1 开始</th>
12.               <th>用户年</th>
13.               <th>年龄</th>
14.               <th>地址</th>
15.               <th>总数</th>
16.           </tr>
17.       </thead>
18.       <tbody>
19.   [% for user in users %?
```

```
20.         [ % ifloop.first % ?
21.         <tr style = 'color: red >
22.    [ % elif loop.last % ]
23.    <tr style = ' color: blue'
24.    [ % else % ]
25.    <tr >
26.    [ % end if % ?
27.    <td >{{ loop.indexo }</td
28.    <td >{{ loop.index }}</td >
29.    <td >{{ user.username }}</td >
30.    <td >{{ user.age }</td >
31.    <td >{{ user.addr }}</td >
32.                <td >{{ loop.length }}</td >
33.        </tr >
34.    [ % endfor % ]
35.        </tbody >
36. </table>
```

Jinja2 中 for 的循环属性如表 3－4 所列。

表 3－4 Jinja2 中 for 的循环属性

变 量	内 容
loop.index	循环迭代计数(从 1 开始)
loop.index0	循环迭代计数(从 0 开始)
loop.revindex	循环迭代倒序计数(从 len 开始，到 1 结束)
loop.revindex0	循环迭代倒序计数(从 len－1 开始，到 0 结束)
loop.first	是否为循环的第一个元素
loop.last	是否为循环的最后一个元素
loop.length	循环序列中元素的个数
loop.cycle	在给定的序列中轮循，如上例在"odd"和"even"两个值间轮循
loop.depth	当前循环在递归中的层级(从 1 开始)
loop.depth0	当前循环在递归中的层级(从 0 开始)

3.1.5 宏及模板继承

Jinja2 还支持宏：宏类似于 Python 代码中的函数。例如：

- 定义宏：

```
1.    {% macrorender_comment(comment) %}
2.        <li>{{ comment }}</li>
```

```
3.    {% endmacro %}
```

• 调用宏：

```
1.    <ul>
2.        {% for comment in comments %}
3.            {{ render_comment(comment) }}
4.        {% endfor %}
5.    </ul>
```

为了重复使用宏，可以把宏保存在单独的文件中，然后在需要使用的模板中导入：

```
1.    {% import 'macros.html' as macros %}
2.    <ul>
3.        {% for comment in comments %}
4.            {{ macros.render_comment(comment) }}
5.        {% endfor %}
6.    </ul>
```

需要在多处重复使用的模板代码片段写入单独的文件，再引入所有模板中，以避免重复：

```
{% include 'common.html' %}
```

另一种重复使用代码的强大方式是**模板继承**，这类似于 Python 代码中的类继承。首先，创建一个名为 base.html 的基模板：

```
1.    <html>
2.    <head>
3.        {% block head %}
4.        <title>{% block title %}{% endblock %} - My Application</title>
5.        {% endblock %}
6.    </head>
7.    <body>
8.        {% block body %}
9.        {% endblock %}
10.   </body>
11.   </html>
```

基模板中定义的区块可在衍生模板中覆盖。Jinja2 使用 block 和 endblock 指令在基模板中定义内容区块。在本例中，我们定义了名为 head、title 和 body 的区块。注意，title 包含在 head 中。下面这个示例是基模板的**衍生模板**(继承)：

```
1.    {% extends 'base.html' %}
2.    {% block title %}Index{% endblock %}
3.    {% block head %}
```

```
4.         {{ super() }}
5.         <style>
6.         </style>
7.     {% endblock %}
8.     {% block body %}
9.     <h1>Hello, World! </h1>
10.    {% endblock %}
```

extends 指令声明这个模板衍生自 base. html。在 extends 指令之后，基模板中的 3 个区块被重新定义，模板引擎会将其插入适当的位置。如果基模板和衍生模板中的同名区块中都有内容，衍生模板中的内容将显示出来。在衍生模板的区块里可以调用 super()，引用基模板中同名区块里的内容。上例中的 head 区块就是这么做的。

稍后会展示这些控制结构的具体用法，以期了解一下它们的工作原理。

注意，使用{%--%}可以防止前端源码出现空白行。除了在模板中使用减号来控制空白，也可以使用模板环境对象提供的 trim_blocks 和 lstrip_blocks 属性设置，前者用来删除 Jinja2 语句后的第一个空行，后者则用来删除 Jinja2 语句所在行之前的空格和制表符(tab)：

```
app.jinja_env.trim_blocks = True
app.jinja_env.lstrip_blocks = True
```

trim_blocks 中的 block 指的是使用{% … %}定界符的代码块，与模板继承中的块无关。

3.2 集成 Bootstrap

Bootstrap 是 Twitter 开发的一个开源 Web 框架，它提供的用户界面组件可用于创建整洁且具有吸引力的网页，而且兼容所有现代的桌面和移动平台 Web 浏览器。

Bootstrap 是客户端框架，因此不会直接涉及服务器。服务器需要做的只是提供引用了 Bootstrap 层叠样式表(CSS，cascading style sheet)和 JavaScript 文件的 HTML 响应，并在 HTML、CSS 和 JavaScript 代码中实例化所需的用户界面元素。这些操作最理想的执行场所就是模板。

要想在应用中集成 Bootstrap，最直接的方法是根据 Bootstrap 文档中的说明对 HTML 模板进行必要的改动。不过，这个任务使用 Flask 扩展处理要简单得多，而且相关的改动不会导致主逻辑凌乱不堪。

我们要使用的扩展是 Flask-Bootstrap，它可以使用 pip 安装：

```
(venv) $ pip install flask-bootstrap
```

Flask 扩展在创建应用实例时初始化。示例 3 - 4 是 Flask-Bootstrap 的初始化方式。

示例 3－4 hello.py:初始化 Flask-Bootstrap。

```
1.  from flask_bootstrap import Bootstrap
2.  # ...
3.  bootstrap = Bootstrap(app)
```

扩展通常从 flask_<name>包中导入,其中<name>是扩展的名称。多数 Flask 扩展采用两种初始化方式中的一种。在示例 3－4 中,初始化扩展的方式是把应用实例作为参数传递给构造函数。后面将介绍大型应用初始化扩展的一种高级方式。

初始化 Flask-Bootstrap 之后,就可以在应用中使用一个包含所有 Bootstrap 文件和一般结构的基模板,利用 Jinja2 的模板继承机制来扩展这个基模板。示例 3－5 是把 user.html 改写为衍生模板后的新版本。

示例 3－5 templates/user.html:使用 Flask-Bootstrap 的模板。

```
1.  {% extends 'bootstrap/base.html' %}
2.
3.  {% block title %}Flasky{% endblock %}
4.
5.  {% block navbar %}
6.  <div class='navbar navbar-inverse' role='navigation'>
7.      <div class='container'>
8.          <div class='navbar-header'>
9.              <button type='button' class='navbar-toggle'
10.             data-toggle='collapse' data-target='.navbar-collapse'>
11.                 <span class='sr-only'>Toggle navigation</span>
12.                 <span class='icon-bar'></span>
13.                 <span class='icon-bar'></span>
14.                 <span class='icon-bar'></span>
15.             </button>
16.             <a class='navbar-brand' href='/'>Flasky</a>
17.         </div>
18.         <div class='navbar-collapse collapse'>
19.             <ul class='nav navbar-nav'>
20.                 <li><a href='/'>Home</a></li>
21.             </ul>
22.         </div>
23.     </div>
24. </div>
25. {% endblock %}
26.
27. {% block content %}
```

```
28.  <div class = 'container' >
29.      <div class = 'page - header' >
30.          <h1 >Hello, {{ name }}! </h1 >
31.      </div >
32.  </div >
33.  { % endblock % }
```

Jinja2 中的 extends 指令从 Flask-Bootstrap 中导入 bootstrap/base. html,从而实现模板继承。

Flask-Bootstrap 的基模板提供了一个网页骨架,引入了 Bootstrap 的所有 CSS 和 JavaScript 文件。

上面这个 user. html 模板定义了 3 个区块,分别命名为 title、navbar 和 content。这些区块都是基模板提供的,可在衍生模板中重新定义。title 区块的作用很明显,其中的内容会出现在渲染后的 HTML 文档头部,放在< title >标签中。navbar 和 content 这两个区块分别表示页面中的导航栏和主体内容。

在这个模板中,navbar 区块使用 Bootstrap 组件定义了一个简单的导航栏。content 区块中有个< div >容器,其中包含一个页头。之前版本中的欢迎消息,现在就放在这个页头里。改动之后的应用如图 3 - 1 所示。

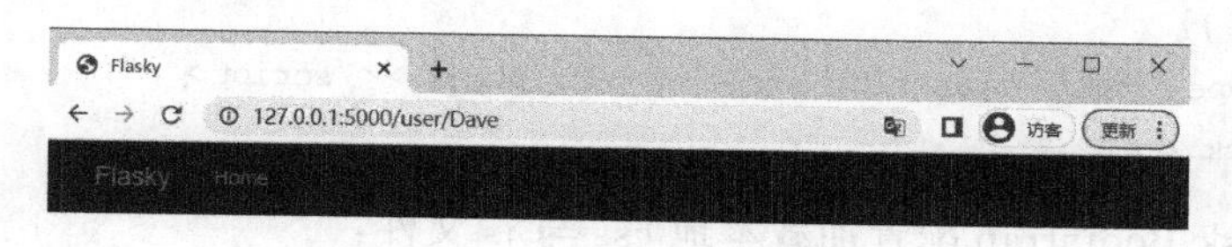

图 3 - 1 使用 Bootstrap 的模板

Bootstrap 官方文档是很好的学习资源,有很多可以直接复制粘贴的示例,网址为 https://getbootstrap. com/docs/4. 1/getting-started/introduction/。

Flask-Bootstrap 的 base. html 模板还定义了很多其他区块,都可在衍生模板中使用。表 3 - 5 列出了所有可用的区块。

表 3 - 5 Flask-Bootstrap 基模板中定义的区块

区块名	说 明
doc	整个 HTML 文档
html_attribs	<html>标签的属性
html	<html>标签中的内容
head	<head>标签中的内容

续表 3-5

区块名	说　明
title	<title>标签中的内容
metas	一组<meta>标签
styles	CSS 声明
body_attribs	<body>标签的属性
body	<body>标签中的内容
navbar	用户定义的导航栏
content	用户定义的页面内容
scripts	文档底部的 JavaScript 声明

表 3-5 中的很多区块都是 Flask-Bootstrap 自用的，如果直接覆盖可能会导致一些问题。例如，Bootstrap 的 CSS 和 JavaScript 文件在 styles 和 scripts 区块中声明。如果应用需要向已经有内容的块中添加新内容，必须使用 Jinja2 提供的 super()函数。例如，要在衍生模板中添加新的 JavaScript 文件，需要这么定义 scripts 区块：

```
1.    {% block scripts %}
2.    {{ super() }}
3.    <script type='text/javascript' src='my-script.js'></script>
4.    {% endblock %}
```

注意，Flask-Bootstrap 配置加载本地 css 与 js 文件：

```
1.    app.config.setdefault('BOOTSTRAP_SERVE_LOCAL',True)   # 采用本地静态文件
```

3.3 Bootstrap 页面布局

作者作为萌新时，使用菜鸟教程中的 Bootstrap，此时最好先看看别人的模板组成，了解容器 container、行 row、列 col 的布局，以及一些 html 标签的用法。CSS 和 JavaScript(简称 JS)简单看一点就行，遇到问题再解决，并时刻提醒自己有搜索引擎，永远相信别人的代码比自己优秀。

下面是 Bootstrap 网格的基本结构：

```
1.    <div class="container">
2.        <div class="row">
3.            <div class="col-*-*">...</div>
4.            <div class="col-*-*">...</div>
5.        </div>
6.        <div class="row">...</div>
```

```
7.    </div>
8.    <div class = "container">
9.    ....
```

实际上,常规的网页布局都可以通过上述基本结构组成。

(1) 创建行和列

```
1.  <div class = "container">
2.      <div class = "row">
3.          <div class = "col">列 1 </div>
4.          <div class = "col">列 2 </div>
5.          <div class = "col">列 3 </div>
6.      </div>
7.  </div>
```

(2) 通过类名指定列的宽度

```
1.  <div class = "container">
2.      <div class = "row">
3.          <div class = "col - 4">列 1 </div>
4.          <div class = "col - 4">列 2 </div>
5.          <div class = "col - 4">列 3 </div>
6.      </div>
7.  </div>
```

(3) 响应式布局

```
1.  <div class = "container">
2.      <div class = "row">
3.          <div class = "col - sm - 4">小屏幕下列 1 </div>
4.          <div class = "col - sm - 4">小屏幕下列 2 </div>
5.          <div class = "col - sm - 4">小屏幕下列 3 </div>
6.      </div>
7.      <div class = "row">
8.          <div class = "col - md - 6">中屏幕下列 1 </div>
9.          <div class = "col - md - 6">中屏幕下列 2 </div>
10.     </div>
11.     <div class = "row">
12.         <div class = "col - lg - 8">大屏幕下列 1 </div>
13.         <div class = "col - lg - 4">大屏幕下列 2 </div>
14.     </div>
15. </div>
```

(4) 列偏移

```
1.  <div class = "container">
2.      <div class = "row">
3.          <div class = "col - md - 4">列 1 </div >
4.          <div class = "col - md - 4 col - md - offset - 4">列 2 </div >
5.      </div >
6.  </div >
```

(5) 列嵌套

```
1.  <div class = "container">
2.      <div class = "row">
3.          <div class = "col - md - 8">
4.              <div class = "row">
5.                  <div class = "col - md - 6">嵌套列 1 </div >
6.                  <div class = "col - md - 6">嵌套列 2 </div >
7.              </div >
8.          </div >
9.          <div class = "col - md - 4">列 2 </div >
10.     </div >
11. </div >
```

稍微复杂一点的功能布局,则需要通过 CSS 辅助完成。例如:

(1) 标准的导航条

```
1.  <nav class = "navbar navbar - default">
2.      <div class = "container - fluid">
3.          <div class = "navbar - header">
4.              <a class = "navbar - brand" href = "#">Logo </a >
5.          </div >
6.          <ul class = "nav navbar - nav">
7.              <li class = "active"><a href = "#">Home </a ></li >
8.              <li ><a href = "#">About </a ></li >
9.              <li ><a href = "#">Services </a ></li >
10.             <li ><a href = "#">Contact </a ></li >
11.         </ul >
12.     </div >
13. </nav >
```

(2) 卡片式布局

```
1.  <div class = "card - deck">
2.      <div class = "card">
```

```
3.         <img class="card-img-top" src="https://via.placeholder.com/350x150" alt="
           Card image cap">
4.         <div class="card-body">
5.             <h5 class="card-title">Card title</h5>
6.             <p class="card-text">This is a longer card with supporting text below as a
               natural lead-in to additional content. This content is a little bit longer.
               </p>
7.             <p class="card-text"><small class="text-muted">Last updated 3 mins
               ago</small></p>
8.         </div>
9.     </div>
10.    <div class="card">
11.        <img class="card-img-top" src="https://via.placeholder.com/350x150" alt
           ="Card image cap">
12.        <div class="card-body">
13.            <h5 class="card-title">Card title</h5>
14.            <p class="card-text">This card has supporting text below as a natural lead-
               in to additional content.</p>
15.            <p class="card-text"><small class="text-muted">Last updated 3 mins
               ago</small></p>
16.        </div>
17.    </div>
18.    <div class="card">
19.        <img class="card-img-top" src="https://via.placeholder.com/350x150" alt=
           "Card image cap">
20.        <div class="card-body">
21.            <h5 class="card-title">Card title</h5>
22.            <p class="card-text">This is a wider card with supporting text below as a
               natural lead-in to additional content. This card has even longer content
               than the first to show that equal height action.</p>
23.            <p class="card-text"><small class="text-muted">Last updated 3 mins
               ago</small></p>
24.        </div>
25.    </div>
26. </div>
```

(3) 媒体对象

```
1.  <div class="media">
2.      <img class="mr-3" src="https://via.placeholder.com/64x64" alt="Generic place-
        holder image">
3.      <div class="media-body">
```

```
4.          <h5 class = "mt - 0">Media heading </h5>
5.          <p>Lorem ipsum dolor sit amet, consectetur adipiscing elit. Cras ut ante in quam luctus faucibus a at lectus. Vivamus pretium nunc id quam euismod, sed consequat mauris rutrum. Proin eget metus nec nisl efficitur pellentesque. Ut malesuada purus sed est tempus, quis lacinia nulla gravida. Morbi lobortis eget augue at bibendum. Sed vitae tempus mi. In vitae ultrices urna.</p>
6.      </div>
7.  </div>
```

更复杂一些的布局、交互则需要通过 JS 实现,这些都要在实际项目中不断地学习、积累。

3.4 自定义错误页面

如果你在浏览器的地址栏中输入了无效的路由,会看到一个状态码为 404 的错误页面。与使用 Bootstrap 的页面相比,现在这个错误页面太简单普通,而且与现有页面不一致。

像常规路由一样,Flask 允许应用使用模板自定义错误页面。最常见的错误代码有两个:404,客户端请求未知页面或路由时显示;500,应用有未处理的异常时显示。示例 3 - 6 使用 app. errorhandler 装饰器为这两个错误提供自定义的处理函数。

示例 3 - 6 hello. py:自定义错误页面。

```
1.  @app.errorhandler(404)
2.  def page_not_found(e):
3.      return render_template('404.html'), 404
4.
5.  @app.errorhandler(500)
6.  def internal_server_error(e):
7.      return render_template('500.html'), 500
```

与视图函数一样,错误处理函数也返回一个响应。此外,错误处理函数还要返回与错误对应的数字状态码。状态码可以直接通过第二个返回值指定。

错误处理函数中引用的模板也需要我们编写。这些模板应该和常规页面一样使用相同的布局,因此要有一个导航栏和显示错误消息的页头。

编写这些模板最直接的方法是复制 templates/user. html,分别创建 templates/404. html 和 templates/500. html,然后把这两个文件中的页头元素改为相应的错误消息,但是这么做会带来很多重复劳动。

Jinja2 的模板继承机制可以帮助我们解决这一问题。Flask-Bootstrap 提供了一个具有页面基本布局的基模板,同样,应用也可以定义一个具有统一页面布局的基模板,其中包含导航栏,而页面内容则留给衍生模板定义。示例 3 - 7 展示了 templates/base. html 的内容,这是一个继承自 bootstrap/base. html 的新模板,其中定义了导航栏。这个模板本身也可作为其他模板的二级基模板，例如 templates/user. html、templates/404. html 和 templates/500. html。

示例 3 - 7 templates/base. html：包含导航栏的应用基模板。

```
1.  {% extends 'bootstrap/base.html' %}
2.
3.  {% block title %}Flasky{% endblock %}
4.
5.  {% block navbar %}
6.  <div class = 'navbar navbar - inverse' role = 'navigation' >
7.      <div class = 'container' >
8.          <div class = 'navbar - header' >
9.              <button type = 'button' class = 'navbar - toggle'
10.             data - toggle = 'collapse' data - target = '. navbar - collapse' >
11.                 <span class = 'sr - only' >Toggle navigation</span >
12.                 <span class = 'icon - bar' ></span >
13.                 <span class = 'icon - bar' ></span >
14.                 <span class = 'icon - bar' ></span >
15.             </button >
16.             <a class = 'navbar - brand' href = '/' >Flasky</a >
17.         </div >
18.         <div class = 'navbar - collapse collapse' >
19.             <ul class = 'nav navbar - nav' >
20.                 <li ><a href = '/' >Home</a ></li >
21.             </ul >
22.         </div >
23.     </div >
24. </div >
25. {% endblock %}
26.
27. {% block content %}
28. <div class = 'container' >
29.     {% blockpage_content %}{% endblock %}
30. </div >
31. {% endblock %}
```

这个模板中的 content 区块里只有一个< div >容器，其中包含一个新的空区块，名为 page_content，区块中的内容由衍生模板定义。

现在，应用中的模板继承自这个模板，而不直接继承自 Flask-Bootstrap 的基模板。通过继承 templates/base. html 模板编写自定义的 404 错误页面就简单了，如示例 3 - 8 所示。

示例 3-8 templates/404.html:使用模板继承机制自定义 404 错误页面。

```
1.  {% extends 'base.html' %}
2.
3.  {% block title %}Flasky - Page Not Found{% endblock %}
4.
5.  {% blockpage_content %}
6.  <div class='page-header'>
7.      <h1>Not Found</h1>
8.  </div>
9.  {% endblock %}
```

错误页面在浏览器中的显示效果如图 3-2 所示。

图 3-2 自定义的 404 错误页面

templates/user.html 模板也可以通过继承这个基模板来简化内容,如示例 3-9 所示。

示例 3-9 templates/user.html:使用模板继承机制简化页面模板。

```
1.  {% extends 'base.html' %}
2.
3.  {% block title %}Flasky{% endblock %}
4.
5.  {% blockpage_content %}
6.  <div class='page-header'>
7.      <h1>Hello, {{ name }}! </h1>
8.  </div>
9.  {% endblock %}
```

3.5 链 接

任何具有多个路由的应用都可以连接不同页面的链接,例如导航栏。

在模板中直接编写简单路由的 URL 链接不难,但对于包含可变部分的动态路由,在模板中构建正确的 URL 就很困难了。而且,直接编写 URL 会对代码中定义的路由产生不必要的依赖关系。如果重新定义路由，模板中的链接可能会失效。

为了避免这些问题，Flask 提供了 url_for()**辅助函数**，它使用应用的 URL 映射中保存的信息生成 URL。

url_for()函数最简单的用法是以视图函数名（或者 app.add_url_route()定义路由时使用的端点名）作为参数，返回对应的 URL。例如，在当前版本的 hello.py 应用中调用 url_for('index')得到的结尾带 '/'，即应用的根 URL。调用 url_for('index', _external=True)返回的则是绝对地址，在这个示例中是 http://localhost:5000/。其中，_external 如果设置为 True，则生成一个绝对路径 URL。

生成连接应用内不同路由的链接时，使用相对地址就足够了。如果要生成在浏览器之外使用的链接，则必须使用绝对地址，例如在电子邮件中发送的链接。

使用 url_for()生成动态 URL 时，将动态部分作为关键字参数传入。例如，url_for('user', name='john', _external=True)的返回结果是 http://localhost:5000/user/john。

传给 url_for()的关键字参数不仅限于动态路由中的参数，非动态的参数也会添加到查询字符串中。例如，url_for('user', name='john', page=2, version=1)的返回结果是/user/john?page=2&version=1。

3.6 静态文件

Web 应用不是仅由 Python 代码和模板组成的，多数应用还会使用静态文件，例如模板中 HTML 代码引用的图像、JavaScript 源码文件和 CSS。

你可能还记得，在第 2 章中审查 hello.py 应用的 URL 映射时，其中有一个 static 路由。这是 Flask 为了支持静态文件而自动添加的，这个特殊路由的 URL 是/static/<filename>。

例如，调用 url_for('static', filename='css/styles.css', _external=True)得到的结果是 http://localhost:5000/static/css/styles.css。其中，_external 如果设置为 True，则生成一个绝对路径 URL。

默认设置下，Flask 在应用根目录中名为 static 的子目录中寻找静态文件。如果需要，可在 static 文件夹中使用子文件夹存放文件。服务器收到映射到 static 路由上的 URL 后，生成的响应包含文件系统中对应文件里的内容。

示例 3-10 展示了如何在应用的基模板中引入 favicon.ico 图标。这个图标会显示在浏览器的地址栏中。

示例 3-10 templates/base.html：定义收藏夹图标。

```
1.  {% block head %}
2.  {{ super() }}
3.  <link rel='shortcut icon' href='{{ url_for('static', filename='favicon.ico') }}'
```

```
4.         type = 'image/x - icon'>
5.     <link rel = 'icon' href = '{{ url_for('static', filename = 'favicon.ico') }}'
6.         type = 'image/x - icon'>
7.     {% endblock %}
```

这个图标的声明插入 head 区块的末尾。注意,为了保留基模板中这个区块里的原始内容,我们调用了 super()。

3.7 使用 Flask-Moment 本地化日期和时间

如果 Web 应用的用户来自世界各地,那么处理日期和时间可不只是一个简单的任务。

服务器需要统一时间单位,这和用户所在的地理位置无关,所以一般使用协调世界时(UTC,Coordinated Universal Time)。不过用户看到 UTC 格式的时间会感到困惑,他们更希望看到当地时间,而且采用当地惯用的格式。

要想在服务器上只使用 UTC 时间,一个最佳的解决方案是,把时间单位发送给 Web 浏览器,转换成当地时间,然后用 JavaScript 渲染。Web 浏览器可以更好地完成这一任务,因为它能获取用户计算机中的时区和区域设置。

有一个使用 JavaScript 开发的优秀客户端开源库,名为 Moment.js,它可以在浏览器中渲染日期和时间。Flask-Moment 是一个 Flask 扩展,能简化 Moment.js 集成到 Jinja2 模板中的过程。Flask-Moment 使用 pip 安装:

```
(venv) $ pip install flask - moment
```

这个扩展的初始化方法与 Flask-Bootstrap 类似,所需的代码如示例 3 - 11 所示。

示例 3 - 11 hello.py:初始化 Flask-Moment。

```
1.  from flask_moment import Moment
2.  moment = Moment(app)
```

除了 Moment.js 以外,Flask-Moment 还依赖 jQuery.js。因此,要在 HTML 文档的某个地方引入这两个库,可以直接引入,这样可以选择使用哪个版本,也可以使用扩展提供的辅助函数,从内容分发网络(CDN,Content Delivery Network)中引入通过测试的版本。Bootstrap 已经引入了 jQuery.js,因此只需引入 Moment.js 即可。示例 3 - 12 展示了如何在基模板的 scripts 块中引入这个库,同时还保留基模板中定义的原始内容。注意,这个区块在 Flask-Bootstrap 的基模板中已经预定义,因此放在 templates/base.html 的任何位置都行。

示例 3 - 12 templates/base.html:引入 Moment.js 库。

```
1.  {% block scripts %}
2.  {{ super() }}
```

```
3.  {{moment.include_moment() }}
4.  {% endblock %}
```

为了处理时间戳,Flask-Moment 向模板开放了 moment 对象。示例 3-13 中的代码把变量 current_time 传入模板进行渲染。

示例 3-13 hello. py:添加一个 datetime 变量。

```
1.  from datetime import datetime
2.
3.  @app.route('/')
4.  def index():
5.      return render_template('index.html',current_time = datetime.utcnow())
```

示例 3-14 展示了如何渲染模板变量 current_time。

示例 3-14 templates/index. html:使用 Flask-Moment 渲染时间戳。

```
1.  <p>The local date and time is {{ moment(current_time).format('LLL') }}.</p>
2.  <p>That was {{ moment(current_time).fromNow(refresh = True) }}</p>
```

format('LLL')函数根据客户端计算机中的时区和区域设置渲染日期和时间。参数决定了渲染的方式,从 'L' 到 'LLLL' 分别对应不同的复杂度。format()函数还可接受很多自定义的格式说明符。

第二行中的 fromNow()渲染相对时间戳,会随着时间的推移自动刷新显示的时间。这个时间戳最开始显示为 a few seconds ago,但设定 refresh=True 参数后,其内容会随着时间的推移而更新。如果一直待在这个页面,几分钟后会看到显示的文本变成"a minute ago""2 minutes ago",等等。

在 index. html 模板中添加这两个时间戳之后,http://localhost:5000/路由对应的页面如图 3-3 所示。

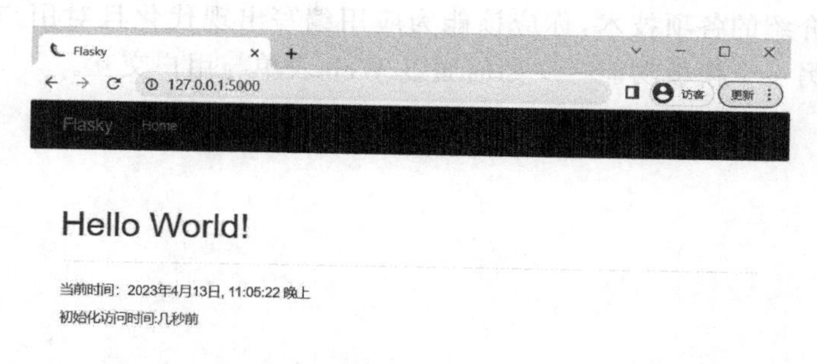

图 3-3 页面中的两个时间戳由 Flask-Moment 处理

Flask-Moment 实现了 Moment. js 的 format()、fromNow()、fromTime()、calendar()、valueOf()和 unix()等方法。请查阅 Moment. js 的文档(http://momentjs.com/docs/#/displaying/),学习这个库提供的全部格式化选项。

Flask-Moment 假定服务器端应用处理的时间戳是"纯正的"datetime 对象,且使用

UTC 表示。关于纯正和细致的日期和时间对象 1 的说明,请阅读标准库中 datetime 包的文档(https://docs.python.org/3.6/library/datetime.html)。

Flask-Moment 渲染的时间戳可实现多种语言的本地化。语言可在模板中选择,方法是在引入 Moment.js 之后,立即把两个字母的语言代码传给 locale()函数。例如,配置 Moment.js 使用西班牙语的方式如下:

```
1.    {% block scripts %}
2.    {{ super() }}
3.    {{moment.include_moment() }}
4.    {{moment.locale('es') }}
5.    {% endblock %}
```

设置时间默认显示为中文的方式如下:

- 在 base.html 中添加:

```
1.    {% block scripts %}
2.    {{ super() }}
3.    {{moment.include_moment() }}
4.    <!-- 中文 -->
5.    {{moment.lang('zh-CN')}}
6.    {% endblock %}
```

- 在 index.html 中添加:

```
1.    <p>当前时间:{{moment(current_time).format('YYYY年M月D日, h:mm:ss a')}}</p>
2.    <p>初始化访问时间:{{moment(current_time).fromNow(refresh=True)}}</p>
```

注意:纯正的时间戳,英文为 naive time,指不包含时区的时间戳;细致的时间戳,英文为 aware time,指包含时区的时间戳。

使用本章介绍的各项技术,你应该能为应用编写出现代化且对用户友好的网页。第 4 章将介绍另一个模板功能——如何通过 Web 表单与用户交互。

第 4 章 Web 表单

第 3 章编写的模板都是单向的,所有信息都从服务器流向用户。然而,对多数应用来说,还需要沿相反的方向流动信息,把用户提供的数据交给服务器来处理。

使用 HTML 可以创建 Web 表单,供用户填写信息。表单数据由 Web 浏览器提交给服务器,这一过程通常使用 POST 请求。第 2 章介绍的 Flask 请求对象包含客户端在请求中发送的全部信息,对包含表单数据的 POST 请求来说,用户填写的信息通过 request. form 访问。

尽管 Flask 的请求对象提供的信息足以处理 Web 表单,但有些任务很单调,而且需要重复操作。比如,生成表单的 HTML 代码和验证提交的表单数据。

Flask - WTF 扩展可以把处理 Web 表单的过程变成一种愉悦的体验。这个扩展对独立的 WTForms 包进行了包装,方便集成到 Flask 应用中。

Flask - WTF 及其依赖可使用 pip 安装:

```
(venv) $ pip install flask-wtf
```

4.1 配 置

与其他多数扩展不同,Flask - WTF 无须在应用层初始化,但是它要求应用配置一个密钥。

密钥是一个由随机字符构成的唯一字符串,通过加密或签名以不同的方式提升应用的安全性。Flask 使用这个密钥保护用户会话,以防被篡改。每个应用的密钥应该不同,而且不能让任何人知道。示例 4 - 1 展示如何在 Flask 应用中配置密钥。

示例 4 - 1 hello. py:配置 Flask - WTF。

```
1.    app = Flask(__name__)
2.    app.config['SECRET_KEY'] = 'hard to guess string'   # 设置一个很难被别人猜到的密码
```

app. config 字典可用于存储 Flask、扩展和应用自身的配置变量。使用标准的字典句法就能把配置添加到 app. config 对象中。这个对象还提供了一些方法,可以从文件或环境中导入配置。第 7 章将介绍管理大型应用配置的合理方式。

Flask - WTF 之所以要求应用配置一个密钥,是为了防止表单遭到**跨站请求伪造**(CSRF,Cross-site Request Forgery)攻击。恶意网站把请求发送到被攻击者已登录的其他网站时,就会引发 CSRF 攻击,最常见的是前些年比较流行的钓鱼网站。Flask -

WTF 为所有表单生成安全令牌,存储在用户会话中。令牌是一种加密签名,根据密钥生成。

```
1.  from flask_wtf.csrf import CsrfProtect
2.  CsrfProtect(app)
```

也可以像任何其他的 Flask 扩展一样,采用惰性加载:

```
1.  from flask_wtf.csrf import CsrfProtect
2.  csrf = CsrfProtect()  # 实例化
3.
4.  def create_app():
5.      app = Flask(__name__)
6.      csrf.init_app(app)  # 初始化
```

客户端发出提交表单的请求时,前端将隐藏字段 CSRF Token 一并发送给服务端。服务端收到请求后,提取请求中的 CSRF Token,并对该 Token 进行验证,如果通过验证则请求是合法的,否则请求是 CSRF 攻击。为了增强安全性,密钥不应该直接写入源码,而要保存在环境变量中。

事实上,现阶段互联网就是由一个个可以识别用户的 Token 组成,尤其在支付领域。当客户身份信息可以通过数据库或其他追溯时,即 Web 2.0;当该 Token 不可追溯用户身份信息时,即 Web 3.0。

4.2 表单验证

4.2.1 服务器端验证

使用 Flask - WTF 时,在服务器端,每个 Web 表单都由一个继承自 FlaskForm 的类表示。这个类定义表单中的一组字段,每个字段都用对象表示。字段对象可附属一个或多个**验证函数**。验证函数用于验证用户提交的数据是否有效。

示例 4 - 2 是一个简单的 Web 表单,包含一个文本字段和一个提交按钮。

示例 4 - 2 hello.py:定义表单类。

```
1.  from flask_wtf import FlaskForm
2.  from wtforms import StringField, SubmitField
3.  from wtforms.validators import DataRequired
4.
5.  class NameForm(FlaskForm):
6.      name = StringField('What is your name? ', validators = [DataRequired()])
7.      submit = SubmitField('Submit')
```

这个表单中的字段都定义为类变量，而各个类变量的值是相应字段类型的对象。在这个示例中，NameForm 表单中有一个名为 name 的文本字段和一个名为 submit 的提交按钮。

StringField 类表示属性为 type='text' 的 HTML <input>元素。SubmitField 类表示属性为 type='submit' 的 HTML <input>元素。字段构造函数的第一个参数是把表单渲染成 HTML 时使用的标注(label)。

StringField 构造函数中的可选参数 validators 指定一个由验证函数组成的列表，在接受用户提交的数据之前验证数据。验证函数 DataRequired()确保提交的字段内容不为空。

FlaskForm 基类由 Flask - WTF 扩展定义，所以要从 flask_wtf 中导入。然而，字段和验证函数却是直接从 WTForms 包中导入的。

WTForms 支持的 HTML 标准字段如表 4 - 1 所列。

表 4 - 1 WTForms 支持的 HTML 标准字段

字段类型	说 明
BooleanField	复选框，值为 True 和 False
DateField	文本字段，值为 datetime. date 格式
DateTimeField	文本字段，值为 datetime. datetime 格式
DecimalField	文本字段，值为 decimal. Decimal
FileField	文件上传字段
HiddenField	隐藏的文本字段
MultipleFileField	多文件上传字段
FieldList	一组指定类型的字段
FloatField	文本字段，值为浮点数
FormField	把一个表单作为字段嵌入另一个表单
IntegerField	文本字段，值为整数
PasswordField	密码文本字段
RadioField	一组单选按钮
SelectField	下拉列表
SelectMultipleField	下拉列表，可选择多个值
SubmitField	表单提交按钮
StringField	文本字段
TextAreaField	多行文本字段

WTForms 内建的验证函数如表 4 - 2 所列。

表 4－2　WTForms 内建的验证函数

验证函数	说　明
DataRequired	确保转换类型后字段中有数据
Email	验证电子邮件地址
EqualTo	比较两个字段的值;常用于要求输入两次密码进行确认的情况
InputRequired	确保转换类型前字段中有数据
IPAddress	验证 IPv4 网络地址
Length	验证输入字符串的长度
MacAddress	验证 MAC 地址
NumberRange	验证输入的值在数字范围之内
Optional	允许字段中没有输入,将跳过其他验证函数
Regexp	使用正则表达式验证输入值
URL	验证 URL
UUID	验证 UUID
AnyOf	确保输入值在一组可能的值中
NoneOf	确保输入值不在一组可能的值中

具体表单验证函数的使用在后面项目中再详细讲解。

4.2.2　客户端验证

随着前端技术的发展,很多前端框架已经支持表单验证,例如最新的 BootStrap5,我们可以使用不同的验证类来设置表单的验证功能。

将.was-validated 或.needs-validation 添加到<form>元素中,input 输入字段将具有绿色(有效)或红色(无效)边框效果,用于说明表单是否需要输入内容。

.valid-feedback 或.invalid-feedback 类用来告诉用户缺少什么信息,或者在提交表单之前需要完成什么。

例如,使用.was-validated 类显示表单在提交之前需要填写的内容:

```
1.  <form action = "" class = "was - validated">
2.      <div class = "form - group">
3.          <label for = "uname">Username:</label>
4.          <input type = "text" class = "form - control" id = "uname" placeholder = "Enter
            username" name = "uname" required>
5.          <div class = "valid - feedback">验证成功! </div>
6.          <div class = "invalid - feedback">请输入用户名! </div>
7.      </div>
8.      <div class = "form - group">
```

```
9.          <label for="pwd">Password:</label>
10.         <input type="password" class="form-control" id="pwd" placeholder="Enter
            password" name="pswd" required>
11.         <div class="valid-feedback">验证成功！</div>
12.         <div class="invalid-feedback">请输入密码！</div>
13.     </div>
14.     <div class="form-group form-check">
15.         <label class="form-check-label">
16.             <input class="form-check-input" type="checkbox" name="remember" re-
                quired>同意协议
17.             <div class="valid-feedback">验证成功！</div>
18.             <div class="invalid-feedback">同意协议才能提交。</div>
19.         </label>
20.     </div>
21.     <button type="submit" class="btn btn-primary">提交</button>
22. </form>
```

上面代码实现的效果如图 4-1 所示。

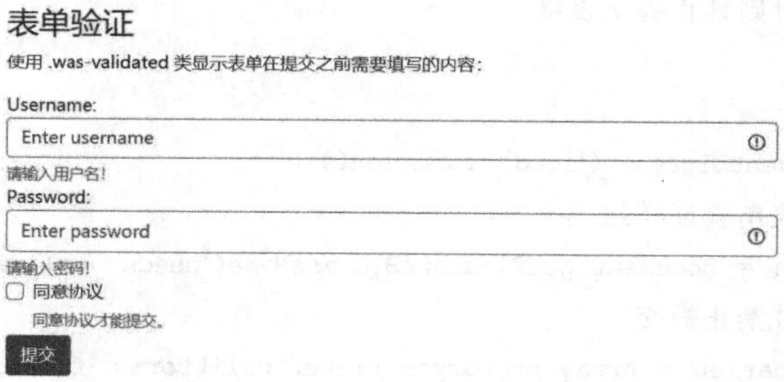

图 4-1 前端表单验证 was-validated

再比如，使用.needs-validation，它将在表单提交之后验证缺少的内容。这里需要添加一些 JavaScript 代码才能使代码正常工作。

```
1.  <form action="" class="needs-validation" novalidate>
2.      <div class="form-group">
3.          <label for="uname">Username:</label>
4.          <input type="text" class="form-control" id="uname" placeholder="Enter
            username" name="uname" required>
5.          <div class="valid-feedback">验证成功！</div>
6.          <div class="invalid-feedback">请输入用户名！</div>
7.      </div>
8.      <div class="form-group">
9.          <label for="pwd">Password:</label>
```

```
10.            <input type = "password" class = "form - control" id = "pwd" placeholder = "Enter
               password" name = "pswd" required >
11.            <div class = "valid - feedback">验证成功! </div >
12.            <div class = "invalid - feedback">请输入密码! </div >
13.        </div >
14.        <div class = "form - group form - check">
15.            <label class = "form - check - label">
16.                <input class = "form - check - input" type = "checkbox" name = "remember" re-
                   quired >同意协议
17.                <div class = "valid - feedback">验证成功! </div >
18.                <div class = "invalid - feedback">同意协议才能提交。</div >
19.            </label >
20.        </div >
21.        <button type = "submit" class = "btn btn - primary">提交</button >
22.    </form >
23.
24.    <script >
25.    //如果验证不通过则禁止提交表单
26.    (function() {
27.        'use strict';
28.        window.addEventListener('load', function() {
29.            //获取表单验证样式
30.            varforms = document.getElementsByClassName('needs - validation');
31.            //循环并禁止提交
32.            varvalidation = Array.prototype.filter.call(forms, function(form) {
33.                form.addEventListener('submit', function(event) {
34.                    if (form.checkValidity() == = false) {
35.                        event.preventDefault();
36.                        event.stopPropagation();
37.                    }
38.                    form.classList.add('was - validated');
39.                }, false);
40.            });
41.        }, false);
42.    })();
43.    </script >
```

上面代码实现的效果如图 4 - 2 所示。

对于比较敏感的数据,为了防止前端通过一些技术手段直接提交表单,笔者建议采用服务器端验证。

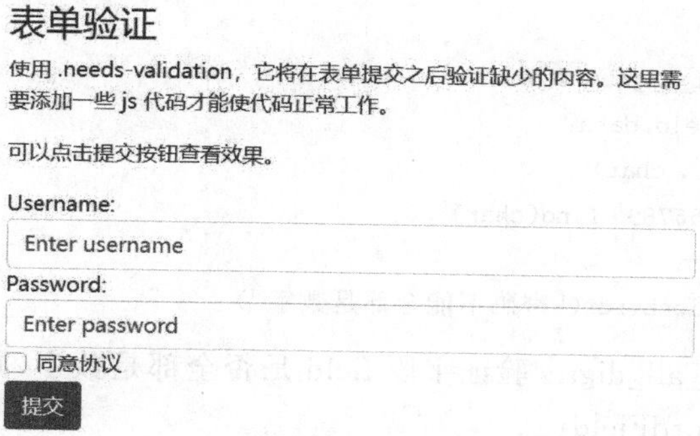

表单验证

使用 .needs-validation，它将在表单提交之后验证缺少的内容。这里需要添加一些 js 代码才能使代码正常工作。

可以点击提交按钮查看效果。

Username:

Enter username

Password:

Enter password

同意协议

提交

图 4－2　前端表单验证 needs-validation

4.3 自定义验证函数

在 Flask 中，可以自定义验证器实现特定的验证需求，例如在验证密码字段时，要求密码不能全部都是数字。

Flask 包含两种类型的验证器：行内验证器和全局验证器。下面通过具体的例子说明如何实现自定义验证“密码是否全部是数字”。

4.3.1 行内验证函数

例如在用户登录类 LoginForm 中，增加一个成员函数 validate_password，代码如下：

```
1.  class LoginForm(FlaskForm):
2.      def validate_password(self, field):
3.          for char in field.data:
4.              print('! ', char)
5.              if '0123456789'.find(char) <0:
6.                  return
7.          raise ValidationError('密码不能全部是数字')
```

该类继承了 FlaskForm，validate_password 函数遍历密码字段 field 的每个字符，如果发现存在一个非数字的字符，则正常返回；如果所有的字符都是数字，则抛出异常 ValidationError。当用户输入的密码全部都是数字时，表单验证失败，提示错误信息为：密码不能全部是数字。

4.3.2 全局验证函数

如果想要创建一个可重用的通用验证器，可以通过定义一个全局函数来实现。

对前面小节的例子进行局部修改，增加一个全局函数 validate_password，代码如下：

```
1.   def can_not_be_all_digits(form, field):
2.       for char in field.data:
3.           print('! ', char)
4.           if '0123456789'.find(char) <0:
5.               return
6.       raise ValidationError('密码不能全部是数字')
```

函数 can_not_be_all_digits 验证字段 field 是否全部是数字，同时修改上一小节类 LoginForm 的 PasswordField：

```
1.   class LoginForm(FlaskForm):
2.       password = PasswordField(
3.           label = '密码',
4.           validators = [
5.               DataRequired(message = '密码不能为空'),
6.               Length(min = 6, message = '密码至少包括 6 个字符'),
7.               can_not_be_all_digits
8.           ]
9.       )
```

当定义全局验证函数后，该函数可以作为系统验证函数中的一个参数。

4.4 表单渲染

表单字段是可调用的，在模板中调用后会渲染成 HTML。假设视图函数通过 form 参数把一个 NameForm 实例传入模板，在模板中可以生成一个简单的 HTML 表单，如下所示：

```
1.   <form method = 'POST' >
2.       {{ form.hidden_tag() }}   # CSRF
3.       # {{ form.csrf_token }}
4.       {{ form.name.label }} {{ form.name() }}
5.       {{ form.submit() }}
6.   </form >
```

注意，除了 name 和 submit 字段，这个表单还有个 form.hidden_tag()元素。这个元素生成一个隐藏的字段，供 Flask - WTF 的 CSRF 防护机制使用。笔者在实践过程中，也可以通过{{ form.csrf_token }}进行表单验证。

当然，这种方式渲染出来的表单还很简单。调用字段时传入的任何关键字参数都将转换成字段的 HTML 属性。例如，可以为字段指定 id 或 class 属性，然后为其定义 CSS 样式。

```
1.    <form method = 'POST' >
2.         {{ form.hidden_tag() }}
3.         {{ form.name.label }} {{ form.name(id = 'my - text - field',class = "form - control")
}}
4.         {{ form.submit() }}
5.    </form >
```

JS 可以通过 id 来获取 DOM 元素，然后使用 DOM 的 classList 属性来设置元素的 class 属性。例如，假设上面 id 为"my－text－field"的元素，那么我们可以使用如下代码为它添加一个名为"myClass"的 class：

```
1.    varelement = document.getElementById("my - text - field");
2.    element.classList.add("myClass");
```

另外，JS 也可以通过直接修改 DOM 元素的 style 属性来定义 CSS 样式。例如，假设我们要将 id 为"myElement"的元素的背景颜色设置为红色，那么我们可以使用如下代码：

```
1.    varelement = document.getElementById("myElement");
2.    element.style.backgroundColor = "red";
```

如表单验证一样，我们也可以在服务器端定义：

```
1.    pwd = PasswordField(
2.        # 标签
3.        label = '密码',
4.        # 验证器
5.        validators = [
6.            DataRequired('请输入密码')
7.        ],
8.        description = '密码',
9.        # 附加选项(主要是前端样式),会自动在前端判别
10.       render_kw = {
11.           'class': 'form - control',
12.           'placeholder': '请输入密码!',
13.           'required': 'required' # 表示输入框不能为空
14.       }
15.   )
```

即便能指定 HTML 属性，但按照这种方式渲染及美化表单的工作量还是很大的，所以在条件允许的情况下，最好使用 Bootstrap 的表单样式。Flask-Bootstrap 扩展提供了一个高层级的辅助函数，可以使用 Bootstrap 预定义的表单样式渲染整个 Flask－WTF 表单，而这些操作只需一次调用即可完成。使用 Flask-Bootstrap，上述表单可以用下面的方式渲染：

```
1.    {% import 'bootstrap/wtf.html' as wtf %}
2.    {{wtf.quick_form(form) }}
```

import 指令的使用方法和普通 Python 代码一样，通过它可以导入模板元素，在多个模板中使用。导入的 bootstrap/wtf. html 文件中定义了一个使用 Bootstrap 渲染 Flask - WTF 表单对象的辅助函数。wtf. quick_form()函数的参数为 Flask - WTF 表单对象，使用 Bootstrap 的默认样式渲染传入的表单。hello. py 的完整模板如示例 4 - 3 所示。

示例 4 - 3　templates/index. html：使用 Flask - WTF 和 Flask-Bootstrap 渲染表单。

```
1.    {% extends 'base.html' %}
2.    {% import 'bootstrap/wtf.html' as wtf %}
3.
4.    {% block title %}Flasky{% endblock %}
5.
6.    {% blockpage_content %}
7.    <div class = 'page - header' >
8.        <h1 >Hello, {% if name %}{{ name }}{% else %}Stranger{% endif %}! </h1 >
9.    </div >
10.   {{wtf.quick_form(form) }}
11.   {%endblock %}
```

模板的内容区现在有两部分。第一部分是页头，显示欢迎消息。这里用到了一个模板条件语句。Jinja2 的条件语句格式为{% if condition %}...{% else %}...{% endif %}。如果条件的计算结果为 True，那么渲染 if 和 else 指令之间的内容；如果条件的计算结果为 False，则渲染 else 和 endif 指令之间的内容。在这个例子中，如果定义了 name 变量，则渲染 Hello，{{ name }}!，否则渲染“Hello，Stranger!”。内容区的第二部分使用 wtf. quick_form()函数渲染 NameForm 对象，可以看出，这个时候就不用添加隐藏标签，Flask 自动进行渲染。

使用 Flask-Bootstrap 提供的表单函数渲染表单时，也可以像上面那样在表单类或是渲染函数里传入字段的属性：

```
{{wtf.form_field(form.body, class = "text - body") }}
```

注意，Flask-Bootstrap 会给表单所有字段添加一个 form-control 来控制样式，这时再通过 render_kw 传入已经被定义的属性(class)就会失败。如果要传入指定的类，可以在渲染时传入并且增加 form-control 类：

```
{{wtf.form_field(form.body, class = "form - control text - body") }}
```

或者：

```
{{form.body(class = "form - control text - body") }}
```

4.5 防御 CSRF 攻击

假如不想用 Flask 的 form 预定义模式，直接采用 Bootstrap 原生的表单，这个时候就必须考虑避免 CSRF 攻击。

```
1.  <form method = 'post' action = '/'>
2.      <input type = 'hidden' name = 'csrf_token' value = '{{ csrf_token() }}' />
3.  </form>
```

如果读者使用 Ajax 提交数据，则建议在 meta 标签中渲染 CSRF 令牌：

```
<meta name = 'csrf - token' content = '{{ csrf_token() }}'>
```

当然，也可以将其作为临时变量保存在 cookie 中：

```
1.  from flask_wtf.csrf import generate_csrf   # 本质还是加密的 token
2.
3.  def set_xsrf_cookie(response):
4.      response.set_cookie('X - CSRF', generate_csrf())
5.      return response
```

最后，使用 AJAX 发送 POST 请求，为其添加 X－CSRFToken 头：

```
1.  var  cerftoken  =  $('meta[name = crfs_token]').attr('content')
2.  $.ajax({
3.      ...
4.      headers: {
5.          'X - CSRFToken': getCookie('csrf_token')
6.      },
7.      ...
8.  })
```

扩展一下，AJAX(Asynchronous JavaScript And XML)是一系列前端技术的组合，简单来说 AJAX 基于 XMLHttpRequest 让我们在不重载页面的情况下和服务器进行数据交换。而 jQuery 是流行的 JavaScript 库，它包装了 JavaScript，让我们通过更简单的方式编写 JavaScript 代码。对于 AJAX，它提供了多个相关的方法，使用它可以很方便地实现 AJAX 操作。更重要的是，jQuery 处理了不同浏览器的 AJAX 兼容问题，我们只需要编写一套代码，就可以在所有主流浏览器上运行。举一个 AJAX 请求的完整示例：

```
1.  from jinja2.utils import generate_lorem_ipsum
2.
3.  @app.route('/post')
```

```
4.   def show_post():
5.       post_body = generate_lorem_ipsum(n=2) # 生成两段随机文本
6.       return u'''
7.       <h1>A very long post</h1>
8.       <div class="body">%s</div>
9.       <button id="load">Load More</button>
10.      <script src="https://code.jquery.com/jquery-3.3.1.min.js"></script>
11.      <script type="text/javascript">
12.      $(function() {
13.          $('#load').click(function() {
14.              $.ajax({
15.                  url: '/more', //目标 URL
16.                  type: 'get', //请求方法
17.                  success: function(data){ //返回 2XX 响应后触发的回调函数
18.                      $('.body').append(data); //将返回的响应插入到页面中
19.                  }
20.              })
21.          })
22.      })
23.      </script>''' % post_body
24.  if __name__ == '__main__':
25.      app.run(debug = True)
```

在 $(function(){…})中，$('#load')被称为选择器，我们在括号中传入目标元素的 id、class 或是用其他属性来定位对应的元素，将其创建为 jQuery 对象。我们传入了 Load More 按钮的 id 值以定位到加载按钮。在这个选择器上，我们附加了.click(function(){…})，这会为加载按钮注册一个单击事件处理函数，当加载按钮被单击时就会执行单击事件回调函数。在这个回调函数中，我们使用 $.ajax()方法发送一个 AJAX 请求到服务器，通过 url 将目标 URL 设为/more，通过 type 参数将请求的类型设为 GET。当请求成功处理并返回 2xx 响应或 304 响应时，会触发 success 回调函数。success 回调函数接收的第一个参数为服务器端返回的响应主体，在这个回调函数中，我们在文章正文(通过 $('.body')选择)底部使用 append()方法插入返回的 data 数据。

不论是传统的 HTTP 请求-响应式的通信模式，还是一步的 AJAX 式请求，服务器端始终处于被动的应答状态，只有在客户端发出请求时，服务器端才会返回响应。这种通信模式被称为**客户端拉取**。

在某些场景下，如社交网站的导航栏实时显示新提醒和私信的数量，用户的在线状态更新，股价行情监控等需要隔一段时间向服务器发出请求，此时需要用到轮询。**轮询**(polling)这类使用 AJAX 技术模拟服务器端推送的方法，实现起来比较简单，但通常会造成服务器资源上的浪费，增加服务器的负担，而且会让用户的设备消耗更多的电量

(频繁地发起异步请求)。

```
1.   <script>
2.       setInterval("test()",500);
3.       function test() {
4.           $.ajax({
5.               url:'/new_window_url/',
6.               async:true,
7.               type:'get',
8.               success:function (data) {
9.                   var new_url =    $('#new_iframe').attr('src');
10.                  if (new_url! == data){
11.                      $('#new_iframe').attr('src', data);
12.                  }
13.              }
14.          })
15.      }
16.  </script>
```

其中,setInterval按照固定的周期(单位是ms)去执行一个函数或者计算表达式。在AJAX请求里有一个参数非常重要,当async为True时代表是异步请求,这样不会锁死浏览器。

4.6 在视图函数中处理表单

在新版hello.py中,视图函数index()有两个任务:一是渲染表单,二是接收用户在表单中填写的数据。示例4-4是更新后的index()视图函数。

示例4-4 hello.py:使用GET和POST请求方法处理Web表单。

```
1.  @app.route('/', methods=['GET', 'POST'])
2.  def index():
3.      name = None
4.      form = NameForm()
5.      if form.validate_on_submit():
6.          name = form.name.data
7.          form.name.data = ''
8.      return render_template('index.html', form=form, name=name)
```

app.route装饰器中多出的methods参数告诉Flask,在URL映射中把这个视图函数注册为GET和POST请求的处理程序。如果没有指定methods参数,则只把视图函数注册为GET请求的处理程序。

这里有必要把POST加入方法列表,因为更常使用POST请求处理表单提交。表单也可以通过 GET 请求提交,但是 GET 请求没有主体,提交的数据以查询字符串的形式附加到 URL 中,在浏览器的地址栏中可见。基于这个及其他多个原因,处理表单提交几乎都使用 POST 请求。

局部变量 name 用于存放表单中输入的有效名字,如果没有输入,其值为 None。如上述代码所示,我们在视图函数中创建了一个 NameForm 实例,用于表示表单。提交表单后,如果数据能被所有验证函数接受,那么 validate_on_submit()方法的返回值为 True,否则返回 False。这个函数的返回值决定是重新渲染表单还是处理表单提交的数据。

用户首次访问应用时,服务器会收到一个没有表单数据的 GET 请求,所以 validate_on_submit()将返回 False。此时,if 语句的内容将被跳过,对请求的处理只是渲染模板,并传入表单对象和值为 None 的 name 变量作为参数。用户会看到浏览器中显示了一个表单。

用户提交表单后,服务器会收到一个包含数据的 POST 请求。validate_on_submit()会调用名字字段上依附的 DataRequired()验证函数。如果名字不为空,就能通过验证,validate_on_submit()返回 True。现在,用户输入的名字可通过字段的 data 属性获取。在 if 语句中,把名字赋值给局部变量 name,然后再把 data 属性设为空字符串,清空表单字段。因此,再次渲染这个表单时,各字段中将没有内容。最后一行是调用 render_template()函数渲染模板,但这一次参数 name 的值为表单中输入的名字,因此会显示一个针对该用户的欢迎消息。

前面我们提到采用 Bootstrap 原生表单,此时,就需要对其提交的表单进行 CSRF 验证:

```
1.  from flask_wtf.csrf import validate_csrf
2.  from wtforms import alidationError:
3.  #验证 CSRF
4.  try:
5.      Validate_csrf(request.form.get["csrf_token"])
6.  except ValidationError:
7.      flash("CSRF token error.")
```

图 4-3 所示为用户首次访问网站时浏览器显示的表单。用户提交名字后,应用会生成一个针对该用户的欢迎消息。欢迎消息下方还是会显示这个表单,以便用户输入新名字。图 4-4 显示了此时应用的样子。

如果用户提交表单之前没有输入名字,那么 DataRequired()验证函数会捕获这个错误,如图 4-5 所示。注意这个扩展自动提供了多少功能。这说明,像 Flask-WTF 和 Flask-Bootstrap 这样设计良好的扩展能给应用提供十分强大的功能。

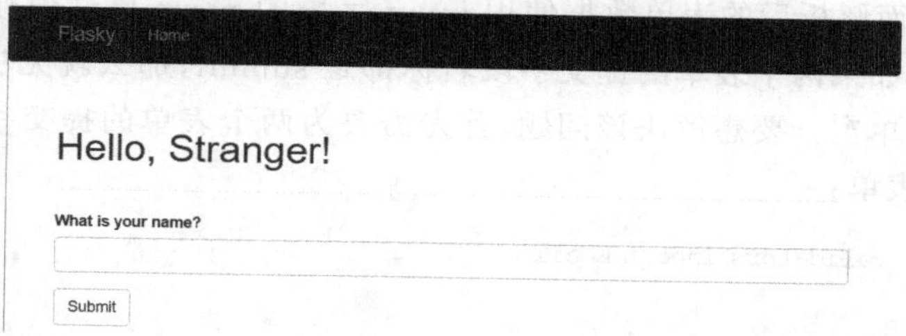

Flasky Home

Hello, Stranger!

What is your name?

Submit

图 4－3　Flask－WTF Web 表单

Flasky Home

Hello, Dave!

What is your name?

Submit

图 4－4　提交后显示的 Web 表单

Flasky Home

Hello, Stranger!

What is your name?

请填写此字段。

Submit

图 4－5　验证失败后显示的 Web 表单

4.7　单个页面多个表单

大多数应用都是单个页面单个表单，但是有时还需要在单个页面上创建多个表单。比如，在程序的主页上同时添加登录和注册表单。当在同一个页面上添加多个表单时，我们需要解决的问题是在视图函数中判断当前被提交的是哪个表单。

创建两个表单，并在模板中分别渲染比较容易，但当提交某个表单时，就会遇到问题。Flask－WTF 根据请求方法判断表单是否提交，但无法判断是哪个表单被提交，所以我们需要手动判断。我们知道，被单击的提交字段最终的 data 属性值是布尔值（即

True 或 False),而解析后的表单数据使用 input 字段的 name 属性值作为键匹配字段数据,也就是说,如果两个表单的提交字段名称都是 submit,那么就无法判断是哪个表单的提交字段被单击。要想解决该问题,首先需要为两个表单的提交字段设置不同的名称,用来区分表单:

```
1.    from wtforms.validators import Email
2.
3.    class SigninForm(FlaskForm):
4.        username = StringField('Username',validators=[DataRequired(),Length(1,20)])
5.        password = PasswordField('Password', validators=[DataRequired(),Length(8,128)])
6.        submit1 = SubmitField('Sign in')
7.
8.    class RegisterForm(FlaskForm):
9.        username = StringField('Username', validators=[DataRequired(), Length(1,20)])
10.       email = StringField('Email', validators=[DataRequired(), Email(), Length(1,254)])
11.       password = PasswordField('Password', validators=[DataRequired(), Length(8,128)])
12.       submit2 = SubmitField('Register')
```

然后,在视图函数中,我们分别实例化这两个表单,根据提交字段的值来区分被提交的表单:

```
1.    from forms import SigninForm, RegisterForm
2.
3.    @app.route('/multi-form', methods=['GET', 'POST'])
4.    def multi_form():
5.        signin_form = SigninForm()
6.        register_form = RegisterForm()
7.
8.        #validate()逐个对字段调用字段实例化时定义的验证器,返回表示验证结果的布尔值
9.        if signin_form.submit1.data and signin_form.validate():
10.           username = signin_form.username.data
11.           flash('%s, you just submit the Signin Form.' % username)
12.           return redirect(url_for('index'))
13.
14.       if register_form.submit2.data and register_form.validate():
15.           username = register_form.username.data
16.           flash('%s, you just submit the Register Form.' % username)
17.           return redirect(url_for('index'))
18.
19.       return render_template('2form.html', signin_form = signin_form,register_form =
          register_form)
```

在视图函数中,我们为两个表单添加了各自的 if 判断,在 if 语句内分别执行各自的逻辑。以 Signinform 的 if 判断为例,如果 signin_form.submit1.data 的值是 True,

那么说明用户提交了登录表单，这时手动调用 signin_form. validate()对表单进行验证即可。

这两个表单类实例通过不同的变量名称传入模板 2form. html，以便在模板中渲染对应的表单字段：

```
1.   {% extends 'base.html' %}
2.   {% from 'macros.html' importform_field %}
3.
4.   {% block content %}
5.   <h1>Multiple Form in One Page with One View</h1>
6.
7.   <h3>Login Form</h3>
8.   <form method = 'post'>
9.       {{ signin_form.csrf_token }}
10.      {{ form_field(signin_form.username) }}
11.      {{ form_field(signin_form.password) }}
12.      {{ signin_form.submit1 }}
13.  </form>
14.  <h3>Register Form</h3>
15.  <form method="post">
16.      {{ register_form.csrf_token }}
17.      {{ form_field(register_form.username) }}
18.      {{ form_field(register_form.email) }}
19.      {{ form_field(register_form.password) }}
20.      {{ register_form.submit2 }}
21.
22.  </form>
23.  {% endblock %}
```

除了通过提交按钮来判断之外，更简洁的方法是通过分离表单的渲染和验证实现。这时表单的提交字段可以使用同一个名称，在视图函数中处理表单时也只需要使用我们熟悉的 form. validate_on_submit()方法。

我们在同一个视图函数内处理两类请求：渲染包含表单的模板（GET 请求）和处理表单请求（POST 请求）。如果想解耦这部分功能，也可以分离成两个视图函数处理。当处理多个表单时，我们可以把表单的渲染在单独的视图函数中予以处理：

```
1.   @rouge('/multi-form-multi-view')
2.   def multi_form_multi_view():
3.       signin_form = SigninForm()
4.       register_form = RegisterForm()
5.       return render_template('2form2view.html', signin_form = signin_form, register_form =
         register_form)
```

这个视图只负责 Get 请求,实例化两个表单类并渲染模板。另外再为每一个表单单独创建一个视图函数来处理验证工作。处理表单提交请求的视图仅监听 POST 请求。

```
1.  @app.route('/handle-signin', methods=['POST'])  # 仅传入 POST 到 methods 中
2.  def handle_signin():
3.      signin_form = SigninForm()
4.      register_form = RegisterForm()
5.
6.      if signin_form.validate_on_submit():
7.          username = signin_form.username.data
8.          flash('%s , yoou just submit the Signin Form.' % username)
9.          return redirect(url_for('index'))
10.
11.     return render_template('2form2view.html', signin_form = signin_form, register_form =
    register_form)
12.
13. @app.route('/handle-register', methods=['POST'])
14. def handle_register():
15.     signin_form = SigninForm()
16.     register_form = RegisterForm()
17.
18.     if register_form.validate_on_submit():
19.         username = register_form.username.data
20.         flash('%s, you just submit the Register Form.' % username)
21.         return redirect(url_for('index'))
22.     return render_template('2form2view.html', signin_form = signin_form, register_form =
    register_form)
```

在模板中,表单提交请求的目标 URL 通过 action 属性设置,为了让表单提交时将请求发送到对应视图函数的 URL,我们需要设置 action 属性。

```
1.  {% extends 'base.html' %}
2.  {% from 'macros.html' importform_field %}
3.
4.  {% block content %}
5.  <h2>Multiple Form in One Page with Multiple View</h2>
6.
7.  <h3>Login Form</h3>
8.  <form meghod="post" action="{{ url_for('handle_signin') }}">
9.      {{ signin_form.csrf_token }}
10.     {{ form_field(signin_form.username) }}
11.     {{ form_field(signin_form.password) }}
12.     {{ signin_form.submit }}
```

```
13.  </form>
14.
15.  <h3>Register Form</h3>
16.  <form method="post" action="{{ url_for('handle_register') }}">
17.      {{ register_form.csrf_token }}
18.      {{ form_field(register_form.username) }}
19.      {{ form_field(register_form.email) }}
20.      {{ form_field(register_form.password) }}
21.      {{ register_form.submit }}
22.  </form>
23.  {% endblock %}
```

注意，上面模板中的登录、注册两个 form 中的 action 指向各自的视图函数 URL。

4.8 重定向和用户会话

前一版 hello.py 存在一个可用性问题。用户输入名字后提交表单，然后单击浏览器的刷新按钮，会看到一个莫名其妙的警告，要求在再次提交表单之前进行确认。之所以出现这种情况，是因为刷新页面时浏览器会重新发送之前发送过的请求。如果前一个请求是包含表单数据的 POST 请求，刷新页面后会再次提交表单。多数情况下，这并不是我们想执行的操作，因此浏览器才要求用户确认。

很多用户不理解浏览器发出的这个警告。鉴于此，最好别让 Web 应用把 POST 请求作为浏览器发送的最后一个请求。

这种需求的实现方式是，使用重定向作为 POST 请求的响应，而不是使用常规响应。重定向是一种特殊的响应，响应内容包含的是 URL，而不是 HTML 代码的字符串。浏览器收到这种响应时，会向重定向的 URL 发起 GET 请求，显示页面的内容。这个页面的加载可能要多花几毫秒，因为要先把第二个请求发给服务器。除此之外，用户不会察觉到有什么不同。现在，前一个请求是 GET 请求，所以刷新命令能像预期的那样正常运作了。这个技巧称为 Post /重定向/Get 模式。

但这种方法又会产生另一个问题。应用处理 POST 请求时，可以通过 form.name.data 获取用户输入的名字，然而一旦这个请求结束，数据也就不见了。因为这个 POST 请求使用重定向处理，所以应用需要保存输入的名字，这样重定向后的请求才能获得并使用这个名字，从而构建真正的响应。

应用可以把数据存储在用户会话中，以便在请求之间“记住”数据。用户会话是一种私有存储，每个连接到服务器的客户端都可以访问。我们在第 2 章介绍过用户会话，它是请求上下文中的变量，名为 session，像标准的 Python 字典一样操作。

默认情况下，用户会话保存在客户端 cookie 中，使用前面设置的密钥加密签名。如果篡改了 cookie 的内容，签名就会失效，会话也将随之失效。

示例 4－5 是 index()视图函数的新版本,实现了重定向和用户会话。

示例 4－5　hello.py:重定向和用户会话。

```
1.  from flask import Flask, render_template, session, redirect, url_for
2.
3.  @app.route('/', methods = ['GET', 'POST'])
4.  def index():
5.      form = NameForm()
6.      if form.validate_on_submit():
7.          session['name'] = form.name.data   # 注意,token 也可以这样传递,CRFS_token 相
                                               # 当于一个全局变量 token
8.          return redirect(url_for('index'))
9.      return render_template('index.html', form = form, name = session.get('name'))
```

应用的前一个版本在局部变量 name 中存储用户在表单中输入的名字。这个变量现被保存在用户会话中,即 session['name'],所以在两次请求之间能记住输入的值。

现在,包含有效表单数据的请求最后会使视图函数调用 redirect()函数。这是 Flask 提供的辅助函数,用于生成 HTTP 重定向响应。redirect()函数的参数是重定向的 URL,这里使用的重定向 URL 是应用的根 URL,因此重定向响应本可以写得更简单一些,写成 redirect('/'),不过这里却使用了 Flask 提供的 URL 生成函数 url_for()(参见第 3 章)。

url_for()函数的第一个且唯一必须指定的参数是端点名,即路由的内部名称。默认情况下,路由的端点是相应视图函数的名称。在这个示例中,处理根 URL 的视图函数是 index(),因此传给 url_for()函数的名字是 index。

最后一处改动位于 render_template()函数中,现在我们使用 session.get('name')直接从会话中读取 name 参数的值。与普通的字典一样,这里使用 get()获取字典中键对应的值,可以避免未找到键时抛出异常。如果指定的键不存在,则 get()方法返回默认值 None。

使用这个版本的应用,在浏览器中刷新后看到的新页面就与预期的一样了。

4.9　重定向到上一个页面

在某些场景下,我们需要在用户访问某个 url 后重定向会弹到上一个页面。比如用户点击某个需要登录才能访问的链接,这时程序会重定向到登录页面,当用户登录后比较合理的行为是重定向到用户登录前浏览的页面。

4.9.1　使用 HTTP referrer 重定向

HTTP referrer 是一个用来记录请求发源地址的 HTTP 首部字段(HTTP_REF-

ERER)，即访问来源。当用户在某个站点单击链接，浏览器想向新链接所在的服务器发起请求，请求的数据中包含的 HTTP_REFERER 字段记录了用户所在的原站点 URL。

在 Flask 中，referrer 的值可以通过请求对象的 referrer 属性获取，即 request.referrer。示例如下：

```
1.  @app.route('/do_something')
2.  def do_something():
3.      return redirect(request.referrer)
```

有的时候，referrer 字段可能是空值，比如用户直接在浏览器地址栏输入 URL，或者因为防火墙、浏览器设置自动清除或修改 referrer 字段，我们需要添加一个备选项：

```
1.  @app.route('/do_something')
2.  def do_something():
3.      return redirect(request.referrer or url_for('hello'))
```

4.9.2 使用查询参数 next 重定向

除了自动从 referrer 处获取以外，更常见的方式是在 URL 中手动加入包含当前页面 URL 的查询参数。这个查询参数一般命名为 next，在 bar 视图中的链接 do_something 对应的视图添加 next 参数(在/do_something 后添加参数)：

```
1.  def bar():
2.      #print dir(request)
3.      print "request.full_path:",request.full_path
4.      #print "request.url:",request.url
5.      return '<h1>Bar page</h1><a href="%s">Do something and redirect</a>' % url_
        for('do_something', next = request.full_path)
6.
7.
8.  @app.route('/do_something')
9.  def do_something():
10.     return redirect(request.args.get('next'))
```

同样，为了避免 next 参数为空的情况，也可以加备选项，如果为空就重定向到 hello 视图：

```
1.  @app.route('/do_something')
2.  def do_something():
3.      return redirect(request.args.get('next', url_for('hello')))
```

4.10 闪现消息

请求完成后,有时需要让用户知道状态发生了变化,可以是确认消息、警告或者错误提醒。一个典型的例子是,用户提交一项错误的登录表单后,服务器发回的响应重新渲染登录表单,并在表单上面显示一个消息,提示用户名或密码无效。Flask 本身内置了这个功能。如示例 4-6 所示,flash()函数可实现这种效果。

示例 4-6 hello. py:闪现消息。

```
1.  from flask import Flask, render_template, session, redirect, url_for, flash
2.
3.  @app.route('/', methods = ['GET', 'POST'])
4.  def index():
5.      form  = NameForm()
6.      if form.validate_on_submit():
7.          old_name  =  session.get('name')
8.          if old_name is not None and old_name !  =  form.name.data:
9.              flash('Looks like you have changed your name! ')
10.         session['name']  =  form.name.data
11.         return redirect(url_for('index'))
12.     return render_template('index.html',
13.         form  =  form, name  = session.get('name'))
```

在这个示例中,每次提交的名字都会和存储在用户会话中的名字进行比较,而会话中存储的名字是前一次在这个表单中提交的数据。如果两个名字不一样,就会调用 flash()函数,在发给客户端的下一个响应中显示一个消息。

仅调用 flash()函数并不能把消息显示出来,应用的模板必须渲染这些消息。最好在基模板中渲染闪现消息,因为这样所有页面都能显示需要显示的消息。Flask 把 get_flashed_messages()函数开放给模板,用于获取并渲染闪现消息,如示例 4-7 所示。

示例 4-7 templates/base. html:渲染闪现消息。

```
1.  { % block content % }
2.  <div class = 'container' >
3.      { % for message inget_flashed_messages() % }
4.      <div class = 'alert alert - warning' >
5.          <button type = 'button' class = 'close' data - dismiss = 'alert' >&times;</button >
6.          {{ message }}
7.      </div >
8.      { % endfor % }
9.
10.     { % blockpage_content % }{ % endblock % }
```

```
11.  </div>
12.  {% endblock %}
```

这个示例使用 Bootstrap 提供的 CSS alert 样式渲染警告消息，如图 4-6 所示。

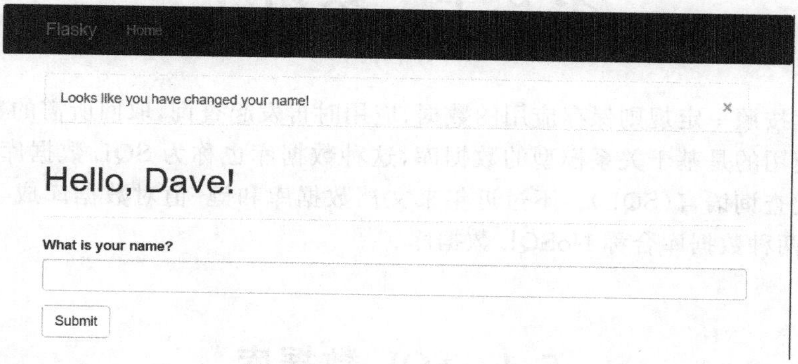

图 4-6　闪现消息

这里使用了循环，因为在之前的请求循环中每次调用 flash()函数时都会生成一个消息，所以可能有多个消息在排队等待显示。get_flashed_messages()函数获取的消息在下次调用时不会再次返回，因此闪现消息只显示一次，然后就消失了。

在 bootstrap 中可以使用“success”“info”“warning”“danger”实现不同的消息展示类型。例如，在视图函数中预定义消息类型，然后在模板中展示该类型消息：

```
1.  flash('Looks like you have changed your name! ','success')
2.
3.      {% for message inget_flashed_messages() %}
4.      <div class='alert alert-{{ message[0] }}'>
5.          <button type='button' class='close' data-dismiss='alert'>&times;</button>
6.          {{ message[1] }}
7.      </div>
8.      {% endfor %}
```

从 Web 表单中获取用户输入的数据是多数应用都需要的功能，把数据保存在永久存储器中也一样。第 5 章将介绍如何在 Flask 中使用数据库。

第5章 数据库

数据库按照一定规则保存应用的数据，应用时再发起查询，取回所需的数据。Web 应用最常使用的是基于关系模型的数据库，这种数据库也称为 SQL 数据库，因为它们使用结构化查询语言（SQL）。不过近年来文档数据库和键-值对数据库成了流行的替代选择，这两种数据库合称 NoSQL 数据库。

5.1 SQL 数据库

关系型数据库把数据存储在表中，表为应用中不同的实体建模。例如，订单管理应用的数据库中可能有 customers、products 和 orders 等表。

表中的列数是固定的，行数是可变的。列定义表所表示的是实体的数据属性。例如，customers 表中可能有 name、address、phone 等列。表中的行定义部分或所有列对应的是真实数据。

表中有个特殊的列，称为主键，其值为表中各行的唯一标识符。表中还可以有称为外键的列，引用同一个表或不同表中某一行的主键。行之间的这种联系称为关系，这正是关系型数据库模型的基础。

图 5-1 展示了一个简单数据库的关系图。这个数据库中有两个表，分别存储用户和用户角色。连接两个表的线代表两个表之间的关系。

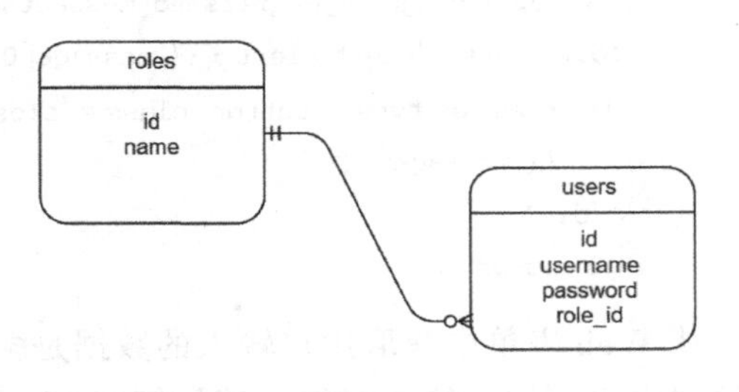

图 5-1 关系型数据库示例

数据库结构的这种图示法称为实体-关系图。其中，方框表示数据库表，里面列出表的属性（或列）。roles 表存储所有可用的用户角色，每个角色都使用一个唯一的 id 值（即表的主键）进行标识。users 表存储用户，每个用户也有唯一的 id 值。除了 id 主键之外，roles 表中还有 name 列，users 表中还有 username 和 password 列。

users 表中的 role_id 列是外键。连接 roles. id 和 users. role_id 两列的线表示两个表之间的关系。这条线两端的符号表明关系的基数。在 roles. id 一侧的短竖线表示"一个"，而 users. role_id 一侧的符号表示"多个"。二者一起构成一对多关系，即 roles 表中的各行可以对应于 user 表中的多行。

从这个例子可以看出，关系型数据库存储数据很高效，而且避免了重复。将这个数据库中的用户角色重命名也很简单，因为角色名只出现在一个地方。一旦在 roles 表中修改完角色名，所有通过 role_id 引用这个角色的用户就都能立即看到更新。

但从另一方面来看，把数据分别存放在多个表中还是很复杂的。生成一个包含角色的用户列表会遇到一个小问题，因为要先分别从两个表中读取用户和用户角色，再将其联接起来。关系型数据库引擎为联结操作提供了必要的支持。

5.2 NoSQL 数据库

所有不符合上节所述的关系模型的数据库统称为 NoSQL 数据库。NoSQL 数据库一般使用集合代替表，使用文档代替记录。NoSQL 数据库采用的设计方式使联接变得困难，所以多数根本不支持这种操作。对于结构如图 5-1 所示的 NoSQL 数据库，若要列出各用户及其角色，需要在应用中执行联结操作，即先读取每个用户的 role_id，再在 roles 表中搜索对应的记录。

NoSQL 数据库更适合设计成如图 5-2 所示的结构。这是执行反规范化操作得到的结果，它减少了表的数量，却增加了数据重复量。

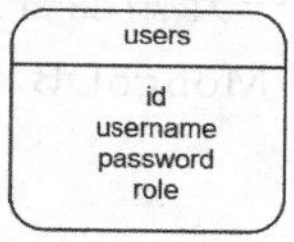

图 5-2 NoSQL 数据库示例

MongoDB 作为一种 NoSQL 数据库，相较于传统的关系型数据库，具有以下优势：

① 非结构化数据存储：MongoDB 采用 BSON(Binary JSON)格式存储数据，支持非结构化数据存储，可以存储各种形式的数据，比如文本、图片、视频等。

② 高可伸缩性：MongoDB 采用分布式架构，可以通过添加更多的节点来实现水平扩展，从而提高系统的可伸缩性。

③ 高性能：MongoDB 使用内存映射技术，可以将磁盘上的数据映射到内存中，从而加快数据的读取速度。同时，MongoDB 支持索引和聚合操作，可以快速查询数据。

④ 灵活的数据模型：MongoDB 的数据模型非常灵活，可以根据具体业务需求动态调整数据结构，不需要事先定义数据表结构。

⑤ 强大的查询功能：MongoDB 支持各种类型的查询操作，包括范围查询、条件查询、文本搜索等。

⑥ 高可用性：MongoDB 支持主从复制和分片技术，可以实现数据的备份和故障转移，从而提高系统的可用性。

这种结构的数据库要把角色名存储在每个用户中。当数据库非常大时，重命名角色的操作就可能会耗时；但对于普通应用，它方便定义，使用灵活。

5.3 使用 SQL 还是 NoSQL

SQL 数据库擅长用高效且紧凑的形式存储结构化数据。这种数据库需要花费大量精力保证数据的一致性。为了达到这种程度的可靠性,关系型数据库采用一种称为 ACID 的范式,即 atomicity(原子性)、consistency(一致性)、isolation(隔离性)和 durability(持续性)。NoSQL 数据库放宽了对 ACID 的要求,从而获得性能上的优势。

对不同类型数据库的全面分析和对比超出了本书范畴。对中小型应用来说,SQL 和 NoSQL 数据库都是很好的选择,而且性能相当,工程实际中取决于具体需求。如果需要处理大量的非结构化或半结构化数据,或者需要进行大规模的数据分析和处理,那么 NoSQL 可能更适合,因为它具有更好的水平扩展能力和更灵活的数据模型;如果需要处理结构化数据,如关系型数据表,那么 SQL 可能更适合,因为它具有更严格的数据结构和更高的数据一致性。当然,这并不是说必须要选择其中一种,也可以结合使用它们来满足项目需求。

作者一开始准备用 SQL,也用它实现了注册等,但由于最终的目标是数据分析,所以使用了 MongoDB,它能灵活添加数据,处理地理位置信息,更可以和 Pandas 等无缝衔接。

5.4 Python 数据库框架

大多数数据库引擎都有对应的 Python 包,包括开源包和商业包。Flask 并不限制使用何种类型的数据库包,因此可以根据自己的喜好选择使用 MySQL、Postgres、SQLite、Redis、MongoDB、CouchDB 或 DynamoDB。

如果这些都无法满足需求,还有一些数据库抽象层代码包供选择,例如 SQLAlchemy、MongoEngine 或者 pymongo。可以使用这些抽象包直接处理高等级的 Python 对象,而不用处理如表、文档或查询语言之类的数据库实体。

选择数据库框架时,要考虑很多因素。

(1) 易用性

如果直接比较数据库引擎和数据库抽象层,显然后者取胜。抽象层,也称为对象关系映射器(ORM)或对象文档映射器(ODM),在用户不知不觉的情况下把高层的面向对象操作转换成低层的数据库指令。

(2) 性　能

ORM 和 ODM 把对象业务转换成数据库业务时会有一定的损耗。多数情况下,这种性能的降低微不足道,但也不一定都是如此。一般情况下,ORM 和 ODM 对生产率的提升远远超过了这一丁点儿的性能降低,所以性能降低这个理由不足以说服用户完全放弃 ORM 和 ODM。真正的关键点在于选择一个能直接操作低层数据库的抽象层，以防特定的操作需要直接使用数据库原生指令优化。

(3) 可移植性

选择数据库时，必须考虑其是否能在你的开发平台和生产平台中使用。例如，如果你打算利用云平台托管应用，就要知道这个云服务提供了哪些数据库可供选择。

可移植性还针对 ORM 和 ODM。尽管有些框架只为一种数据库引擎提供抽象层，但其他框架可能做了更高层的抽象，支持不同的数据库引擎，而且都使用相同的面向对象接口。SQLAlchemy ORM 就是一个很好的例子，它支持很多关系型数据库引擎，包括流行的 MySQL、Postgres 和 SQLite。

(4) FLask 集成度

选择数据库框架时，不一定非得选择已经集成了 Flask 的框架，但选择这样的框架可以节省编写集成代码的时间。使用集成了 Flask 的框架可以简化配置和操作，所以专门为 Flask 开发的扩展是首选。如果已习惯使用关系型数据库，那么仍旧推荐 Flask-SQLAlchemy，这个 Flask 扩展包装了 SQLAlchemy 框架。

本书将使用的数据库框架是 pymongo，这个 Python 扩展包装可以很方便地操作 MongoDB。

5.5 使用 pymongo 管理数据库

MongoDB 是一个基于分布式文件存储的数据库，也是目前最流行的 NoSQL 数据库之一，旨在为 WEB 应用提供可扩展的高性能数据存储解决方案。MongoDB 文件存储格式类似于 JSON，叫 BSON，通俗地讲，就是 Python 中的字典键值对格式。

在使用 pymongo 前，除了需要安装 pymongo 库以外，还需要到官网下载并安装 MongoDB 数据库到本地。MongoDB 官网是 https://www.mongodb.com/，本书不再赘述安装过程。

pymongo 扩展则是用来操作 MongoDB，与其他多数扩展一样，Flask-SQLAlchemy 也使用 pip 安装：

```
(venv) $ pip install pymongo
```

连接 MongoDB 时，我们需要使用 pymongo 库里面的 MongoClient。一般来说，传入 MongoDB 的 IP 及端口即可，其中第一个参数为地址 host，第二个参数为端口 port（如果不给它传递参数，默认是 27017）：

```
importpymongo
client = pymongo.MongoClient(host = 'localhost', port = 27017)
```

这样就可以创建 MongoDB 的连接对象了。

另外，MongoClient 的第一个参数 host 还可以直接传入 MongoDB 的连接字符串，

它以 mongodb 开头,例如:

```
client = MongoClient('mongodb://localhost:27017/')
```

或直接采用默认参数:

```
client = MongoClient()
```

同样可以实现数据库连接。

连接之后,就可以建立多个数据库,接下来我们需要指定操作哪个数据库。这里我们以 blog 数据库为例来说明,下一步需要在程序中指定要使用的数据库:

```
db = client['blog']
```

或

```
db = client['blog']
```

此时,直接返回的就是 test 数据库实例,表示当前应用使用的数据库。

MongoDB 的每个数据库又包含许多集合(collection),它们类似于关系型数据库中的表。下一步,需要指定要操作的集合,这里指定一个集合名称为 users。与指定数据库类似,指定集合也有两种方式:

```
collection = db.users
collection = db['users']
```

之后便可以针对 users 这个集合进行 CRUD(增删改查)操作。

示例 5-1 populateDB.py:配置数据库。

```
1.  from werkzeug.security import generate_password_hash  # 密码加密
2.  from pymongo import MongoClient  # 连接数据库
3.  from pymongo.errors import DuplicateKeyError  # 插入数据重复
4.
5.  def main():
6.      # Connect to the DB
7.      collection = MongoClient()['blog']['users']  # 链接用户文档
8.
9.      # Ask for data to store,初始化用户、密码
10.     user = raw_input('Enter your username: ')  # 输入用户名
11.     password = raw_input('Enter your password: ') # 输入密码
12.     pass_hash = generate_password_hash(password, method='pbkdf2:sha256')  # 原始密码加密
13.     # Insert the user in the DB
14.     try:
15.         collection.insert({'_id': user, 'password': pass_hash})
16.         print ('User created.')
17.     except DuplicateKeyError:  # 如果用户是重复的,则报错
18.         print ('User already present in DB.')
```

```
19.
20. if __name__ == '__main__':
21.         main()# 执行 main 函数
```

使用 MongoDB 就是拿来即用,无须规范的 ORM 模型,任意一个集合的键都可以定义为主键,也可以直接作为不同集合的外键建立联系。博客、文章、评论的数据库表示如图 5-3 所示。

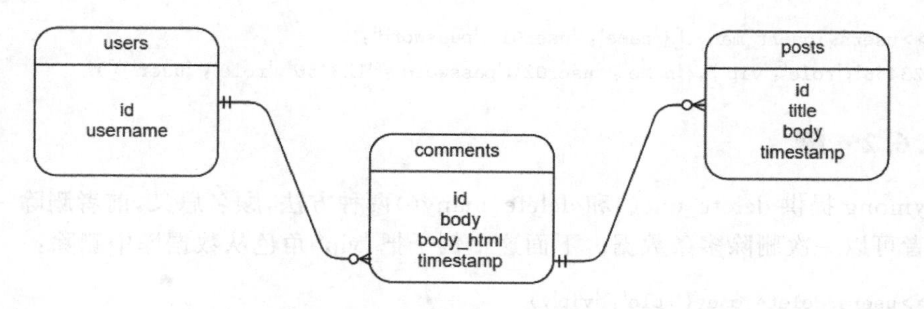

图 5-3　博客、文章、评论的数据库表示

5.6　数据库 CRUD 基本操作

CRUD 操作指的是对文档进行 create、read、update、delete 操作,即增、删、改、查。现在模型已经按照图 5-1 所示的数据库关系图完成配置,可以随时使用了。学习使用模型的最好方法是在 Python shell 中实际操作。接下来的几节将介绍最常用的数据库操作。shell 使用 flask shell 命令启动。不过在执行这个命令之前,要按照第 2 章的说明,把 FLASK_APP 环境变量设为 hello. py。

5.6.1　增

在 chapter5－01 文件夹中执行下面这段代码创建一些用户:

```
(venv) $ python
>>>from hello import USERS_COLLECTION as users
>>>users.find()
<pymongo.cursor.Cursor object at 0x000001BB657CED68>
>>>list(users.find())
[]
>>>users.insert_one({'name': 'admin','password': '123456','role': 'admin'})
>>>list(collection.find())
[{'_id': ObjectId('6233369033ac48c957cdfbd2'), 'name': 'admin', 'password': '123456',
'role': 'admin'}]>>>mod_role = Role(name='Moderator')
```

可以看到,使用 pymongo 直接添加数据到数据库,不需要像 SQL 数据库操作一样提交会话(db.session.commit())。

此外,每条数据都会自动生成一个_id,它的值在数据库中是唯一的,类型为 ObjectId,在 Flask 路由中传递时需要进行特殊处理。

在这个增加数据的示例中,密码是以明文记录的,在实际项目中,需要对用户的密码进行加密处理。

如果需要一次增加多条数据(list),可以用 insert_many()方法。

```
>>>users.insert_many([{'name': 'user01','password':
'123456','role':'vip'},{'name': 'user02','password': '123456','role': 'user'}])
```

5.6.2 删

pymong 提供 delete_one()和 delete_many()两种方法,顾名思义,前者删除一条数据,后者可以一次删除多条数据。下面这个例子把 'vip' 角色从数据库中删除:

```
>>>users.delete_one({'role': 'vip'})
>>>list(users.find())
[{'_id': ObjectId('6233369033ac48c957cdfbd2'), 'name': 'admin', 'password': '123456',
'role': 'admin'}, {'_id': ObjectId('62333bc7fa1d5f4279e66303'), 'name': 'user02', 'password':
'123456', 'role': 'user'}]
```

可以看到,'vip' 角色的用户已经被删除。这里要注意,如果匹配到了多条 'vip' 角色数据,则仅仅删除第一个匹配项。假如要删除以用户名 A 开头的用户,则可以搭配正则进行筛选,一次删除多条数据。

```
>>>query = {"Name":{"$regex":"^A"}}
>>>users.delete_many(query)
```

5.6.3 改

对于数据更新,我们可以使用 update_one()方法,指定更新的条件和更新后的数据即可。例如下面这个例子,把 'user' 角色重命名为 'vip'。

```
>>>users.update_one({'role': 'user'}, {'$set': {'role': 'vip'}})
>>>db.session.add(admin_role)
>>>list(users.find())
[{'_id': ObjectId('6233369033ac48c957cdfbd2'), 'name': 'admin', 'password': '123456',
'role': 'admin'}, {'_id': ObjectId('62333bc7fa1d5f4279e66303'), 'name': 'user02', 'password':
'123456', 'role': 'vip'}]
```

可以看到,原来为 'user' 角色的用户已经成为 'vip'。

如果调用 update_many()方法,则会将所有符合条件的数据都更新。

5.6.4 查

可以利用 find_one()或 find()方法进行查询,其中 find_one()查询得到的是单个结果，find()则返回一个生成器对象。例如：

```
>>>list(users.find())
[{'_id': ObjectId('6233369033ac48c957cdfbd2'), 'name': 'admin', 'password': '123456',
'role': 'admin'}, {'_id': ObjectId('62333bc7fa1d5f4279e66303'), 'name': 'user02', 'password':
'123456', 'role': 'vip'}]
```

也可以带条件查询：

```
>>>list(users.find({'role': 'vip'}))
[{'_id': ObjectId('62333bc7fa1d5f4279e66303'), 'name': 'user02', 'password': '123456',
'role': 'vip'}]
```

如果查询数据的结果不用list()方法进行强制转换，则返回的是一个游标。

```
>>>users.find()
<pymongo.cursor.Cursor object at 0x000001BB657CED68>
```

注意，在Flask项目中，查询结果如果为游标，对其进行循环处理过后，该游标就失效(缓存机制)了。

在用户信息中增加其他属性，例如：

```
{'_id': ObjectId('62333bc7fa1d5f4279e66303'), 'name': 'user02', 'password': '123456',
'role': 'vip','attribute' : { 'high' : 180, 'weight' :80, 'age' :1984}}
```

此时需要查询年龄为1984的用户，则要用到嵌套查询。

```
>>>users.find({'attribute.age': 1984})
```

5.7 数据库查询操作符

查询的情况非常复杂，MongoDB提供了多种查询操作符来应对这些问题。MongoDB提供的查询操作符分为以下几类：

① 比较查询操作符；
② 逻辑查询操作符；
③ 元素查询操作符；
④ 评估查询操作符；
⑤ 地理空间查询操作符；
⑥ 数组查询操作符；
⑦ 按位查询操作符。

接下来，我们将学习常用的几种查询操作符的规则和语法。

5.7.1 比较查询操作符

MongoDB 提供了一系列用于比较的查询操作符,如表 5-1 所列。

表 5-1 比较查询操作符

名称	描述
$ eq	匹配等于指定值的值
$ gt	匹配大于指定值的值
$ gte	匹配大于或等于指定值的值
$ in	匹配数组中指定的任何值
$ lt	匹配小于指定值的值
$ lte	匹配小于或等于指定值的值
$ ne	匹配所有不等于指定值的值
$ nin	不匹配数组中指定的任何值

其中,$ eq,$ gte,$ lt,$ lte,$ gt,$ ne 的语法是相同的。以 $ eq 为例,其语法格式如下:

```
{ <field>: { $ eq: <value> } }
```

假设需要查询年龄等于 1984 的用户,对应示例如下:

```
>>>users.find({'attribute.age': {'$ eq': 1984}})
```

假设需要查询年龄等于 1982 或 1984 的用户,对应示例如下:

```
>>>users.find({'attribute.age': {'$ in': [1982,1984]}})
```

5.7.2 逻辑查询操作符

MongoDB 中的逻辑查询操作符共有 4 种,如表 5-2 所列。

表 5-2 逻辑查询操作符

名称	描述
$ and	匹配符合多个条件的文档
$ not	匹配不符合条件的文档
$ nor	匹配不符合多个条件的文档
$ or	匹配符合任一条件的文档

其中,$ and,$ nor 和 $ or 语法格式相同:

```
{ $ keyword: [ { <expression1> }, { <expression2> } , ... , { <expressionN> } ] }
```

语法中的 keyword 代表 and/nor/or，而 $ not 语法格式如下：

```
{ field: { $ not: { <operator - expression> } } }
```

$ and 是隐式的，这意味着我们不必在查询语句中表明 and。

假设要过滤出集合中用户角色为 'vip' 或者年龄大于 1982 的用户，对应示例如下：

```
>>>users.find({ $ or: [{'role': 'vip'}, {'attribute.age': {'$ gt': 1982}}]})
```

5.7.3 元素查询操作符

MongoDB 中的元素查询操作符只有 2 种，如表 5-3 所列。

表 5-3 元素查询操作符

名 称	描 述
$ exists	匹配具有指定字段的文档
$ type	匹配字段值符合类型的文档

在已创建的用户中，并不是所有用户都存在 'attribute' 字段，如果要过滤不含 'attribute' 的用户，对应示例如下：

```
>>>users.find({'attribute': { $ exists: false})   # 为 true 时过滤存在该字段的用户
```

实际项目中，由于数据库中可能存在数据格式不一致，如用户体重保存为"80"(字符串，导致查询不全)，此时需要用 $ type 对数据进行转换，对应示例如下：

```
>>>users.find({'attribute.weight': {'$ type': 'string'})
```

5.7.4 评估查询操作符

MongoDB 中的评估查询操作符有 6 种，如表 5-4 所列。

表 5-4 评估查询操作符

名 称	描 述
$ expr	允许在查询语句中使用聚合表达式
$ jsonSchema	根据给定的 JSON 模式验证文档
$ mod	对字段的值执行模运算，并选择具有指定结果的文档
$ regex	匹配与正则表达式规则相符的文档
$ text	执行文本搜索
$ where	匹配满足 JavaScript 表达式的文档

较常用的是正则匹配，我们先准备以下数据：

```
>>>users.insert_many([{
```

```
'name': 'abc123','password': '123456','role':'user','desc': 'Single Line Description.'},
{'name': 'abc456','password': '123456','role': 'user','desc': 'First line \nSecond line'},
{'name': 'xyz123','password': '123456','role': 'user','desc': 'Many spaces before     line'},
{'name': 'xyz456','password': '123456','role': 'user','desc': 'Multiple\nline description'}
])
```

MongoDB 提供的 $ regex 让开发者可以在查询语句中使用正则表达式,其语法格式如下:

```
{ <field>: { $regex: /pattern/, $options: '<options>' } }
{ <field>: { $regex: 'pattern', $options: '<options>' } }
{ <field>: { $regex: /pattern/<options>} }
```

三种格式任选其一,特定语法的使用限制可参考 $ regex vs. /pattern/Syntax,也可以用下面这种语法:

```
{ <field>: /pattern/<options>}
```

正则表达式中有一些特殊选项(又称模式修正符),例如不区分大小写或允许使用点字符等,MongoDB 中支持的选项如表 5 - 5 所列。

表 5 - 5　MongoDB 中支持的正则表达式选项

选　项	描　述	语法限制
i	不区分大小写字母	
m	支持多行匹配	
x	忽略空格和注释(#),注释以 \n 结尾	必须使用 $ option
s	允许点(.)字符匹配包括换行符在内的所有字符,也可以理解为允许点(.)字符匹配换行符后面的字符	必须使用 $ option

假设要过滤出 name 值结尾为 123 的用户,对应示例如下:

```
>>>users.find({'name': {'$regex': '/123$/'}})
```

接下来使用模式修正符 i 实现不区分大小写的匹配,对应示例如下:

```
>>>users.find({'name': {'$regex':'/^aBc/i'}})
```

接下来我们再通过一个例子了解模式修正符 m 的用法和作用,对应示例如下:

```
>>>users.find({'desc': {'$regex': '/^s/', '$options': 'im'}})
```

这个语句的作用是过滤出集合 regexs 中 desc 字段值由 s 开头的文档,匹配时忽略大小写字母,并进行多行匹配。虽然用户 'abc456' 中的 desc 并不是 s 或 S 开头,但由于使用了模式修正符 m,所以能够匹配到\n 符号后面的 Second。如果没有使用模式修正符 m,那么将不包含用户 'abc456'。

5.7.5 数组查询操作符

MongoDB中的数组查询操作符有3种，如表5-6所列。

表5-6 数组查询操作符

名 称	描 述
$ all	匹配包含查询中指定条件的所有元素的数组
$ elemMatch	匹配数组字段中至少有1个元素与指定条件相符的文档
$ size	匹配数组元素数符合指定大小的文档

假如集合中某一个字段为列表，例如3件衣服数据(尺码、库存、颜色)：

```
'clothes': [
        { 'size': 'S', 'num': 10, 'color': 'blue' },
        { 'size': 'M', 'num': 45, 'color': 'blue' },
        { 'size': 'L', 'num': 100, 'color': 'green' }
    ]
>>>db.find({'clothes.num': {'$ all': [45]}}))   # 注意列表中的数组也可以嵌套查询
```

等效于：

```
>>>db.find({'clothes.num': 45}))
```

假设要过滤出库存大于10且小于100的文档，对应示例如下：

```
>>>db.find({'clothes': {'$ elemMatch': {'$ gt': 10, '$ lt': 100}}}))
```

等效于：

```
>>>db.find({'clothes.num': {'$ gt': 10, '$ lt': 100}}))
```

上述字段列长度为3，如果查询数据中同等列表长度的文档，对应示例如下：

```
>>>db.find({'clothes': {'$ size': 3}}))
```

地理空间查询操作符在地理位置信息可视化中有用，按位查询操作符在实际项目中应用较少。pymongo官方文档均有相应的范例，感兴趣的读者可以访问：https://pymongo.readthedocs.io/en/stable/api/pymongo/collection.html?highlight=GEO#pymongo.GEO2D。

5.8 数据库更新操作符

MongoDB共有4类更新操作符：

① 字段更新操作符；

② 数组更新操作符;

③ 修饰操作符;

④ 按位操作符。

接下来,我们将学习常用操作符的规则和语法。

5.8.1 字段更新操作符

MongoDB 中的字段更新操作符有 9 种,如表 5-7 所列。

表 5-7 字段更新操作符

名 称	描 述
$ currentDate	将字段的值设置为当前日期,可以是 Date 或 Timestamp
$ inc	将指定字段的值与传入的值相加
$ min	仅当指定的值小于现有字段值时才更新字段
$ max	仅当指定的值大于现有字段值时才更新字段
$ mul	将指定字段的值与传入的值相乘
$ rename	重命名字段
$ set	设置文档中字段的值
$ setOnInsert	如果更新导致文档插入,则设置字段的值。对修改现有文档的更新操作没有影响
$ unset	从文档中删除指定的字段

$ currentDate 的作用是将字段的值设为当前日期,其语法格式如下:

```
{ $ currentDate: { <field1 >: <typeSpecification1 >, ... } }
```

其中,< typeSpecification1 >可以是一个布尔值、{ $ type: " timestamp"} 或者 { $ type: "date"}。例如在用户信息中增加字段 'register_time':datetime. utcnow(),注意此处 utcnow()读取的时间一直都是系统的“世界标准时间”,不管系统的本地时区是否设置,读取的时间不会随这些设置变化。对应示例如下:

```
>>>user.update({'name': 'abc123'},{'$ currentDate':{'register_time': true}})
```

等效于:

```
>>>user.update({'name': 'abc123'},{'register_time':datetime.utcnow()})
```

$ inc 的作用是按指定的数量增加字段的值,其语法格式如下:

```
{ $ inc: { <field1 >: <amount1 >, <field2 >: <amount2 >, ... } }
```

假设用户积分字段 'points':5 增加 10 到 15 积分:

```
db.find({'clothes.num': {'$ gt': 10, '$ lt': 100}})
>>>user.update(
```

```
    {'name': 'abc123'},
    {'$inc': {'points':10} })
```

$min 的描述是“仅当指定的值小于现有字段值时才更新字段”，其语法格式如下：

```
{ $min: { <field1>: <value1>, ... } }
```

假设用户积分小于10时，则更新为10。更新语句如下：

```
>>>user.update(
    {'name': 'abc123'},
    {'$min': {'points':10} })
```

命令执行后，用户积分将变为10；加入用户初始积分仍为5，执行上面语句命令，则不会更新。

$unset 的作用是删除文档中的指定字段，其语法格式如下：

```
{ $unset: { <field1>: "", ... } }
```

假设要删除 'points' 字段，对应示例如下：

```
>>>user.update(
... {'name': 'abc123'},
... {'$unset': {'points': ''}})
```

5.8.2 数组更新操作符

MongoDB 中的数组更新操作符有8种，如表5-8所列。

表5-8 数组更新操作符

名　称	描　述
$	充当占位符以更新与查询条件匹配的第一个元素
$[]	充当占位符以更新数组中与查询条件匹配的文档中的所有元素
$[<identifier>]	充当占位符以更新与 arrayFilters 匹配查询条件的文档的条件匹配的所有元素
$addToSet	仅当数组中尚不存在元素时才将元素添加到数组中
$pop	删除数组的第一个或最后一个元素
$pull	删除与指定查询匹配的所有数组元素
$push	将元素添加到数组
$pullAll	从数组中删除所有匹配的值

接下来我们对常用的 $pop 和 $push 操作符进行测试，其他操作基本类似。

$pop 的作用是删除数组的第一个或最后一个元素，其语法格式如下：

```
{ $pop: { <field>: <-1 | 1>, ... } }
```

假设现在有一个这样的文档：

```
{'name': 'abc123',...,'scores': [ 8, 9, 10 ] }
```

文档中字段 scores 的值是一个数组。当我们需要删除 scores 中的第一个元素时，执行以下命令：

```
>>>users.update( { 'name': 'abc123' }, { '$pop': { 'scores': -1 } } )
```

命令执行后，文档将会变成：

```
{ 'name': 'abc123',...,"scores" : [ 9, 10 ] }
```

当我们要删除最后一个元素时，执行以下命令：

```
>>>users.update( { 'name': 'abc123' }, { '$pop': { 'scores': 1 } } )
```

命令执行后，文档将会变成：

```
{ "_id" : 1, "scores" : [ 9] }
```

如果将数组元素的排序看成从左到右，那么{ $pop：{ <field>：-1}}删除的是最左边的元素，而{ $pop：{ <field>：1}}删除的是最右边的元素。

$push 的作用是将元素添加到数组，其语法格式如下：

```
{ $push: { <field1>: <value1>, ... } }
```

假设现在有一个这样的文档：

```
{'name': 'abc123',...,'scores': [ 8, 9, 10 ] }
```

文档中字段 scores 的值是一个数组。当我们需要将 100 添加到 scores 中时，执行以下命令：

```
>>>users.update({ 'name': 'abc123' }, {'$push': {'scores': 100}})
```

命令执行后，文档将会变成：

```
{'name': 'abc123',...,'scores': [ 8, 9, 10, 100 ] }
```

但如果要添加的元素是一个数组，而不是一个数值，则用与上面相同的命令：

```
>>>users.update({ 'name': 'abc123' }, {'$push': {'scores': [200, 300]}})
```

命令执行后，将会得到如下结果：

```
{'name': 'abc123',...,'scores': [ 8, 9, 10, 100, [200, 300] ] }
```

5.8.3 修饰操作符

MongoDB 中的修饰操作符有 4 种，如表 5-9 所列。

表5-9 修饰操作符

名 称	描 述
$ each	修饰 $ push 和 $ addToSet 操作符以附加多个项目以进行阵列更新
$ position	修饰 $ push 操作符以指定数组中添加元素的位置
$ slice	修饰 $ push 操作符以限制更新数组的大小
$ sort	修饰 $ push 操作符以重新排序存储在数组中的文档

$ each 的作用是修饰 $ push 和 $ addToSet 更新操作符，以附加多个元素。上一小节中，我们的需求是将 200，300 添加到数组 scores 中，但添加结果却是[200，300]。如果用 $ each 修饰 $ push 操作符，则能够达到目的。对应示例如下：

```
>>>users.update({ 'name': 'abc123' }, {'$ push': {'scores': {'$ each': [200, 300]}}})
```

命令执行后，文档将会变成：

```
{'name': 'abc123',...,'scores': [ 8, 9, 10, 100, [200, 300], 200, 300 ] }
```

$ position 的作用是修饰更新操作符 $ push，以指定元素添加时的位置。其语法格式如下：

```
{
    $ push: {
        <field>: {
            $ each: [ <value1>, <value2>,... ],
            $ position: <num>
        }
    }
}
```

以下示例中，$ position 将与 $ each 协同工作。假设要将 15,25 插入到 scores 数组的第 1 个位置，对应示例如下：

```
>>> users. update ({ 'name': 'abc123' }, {'$ push': {'scores': {'$ each': [15, 25],
'$ position': 1}}})
```

命令执行后，文档将会变成：

```
{'name': 'abc123',...,'scores':[ 8, 15, 25, 9, 10, 100, [ 200, 300 ], 200, 300 ]}
```

按位查询操作符在实际项目中应用较少，不再赘述。

5.9 聚合操作

聚合查询使用的是 aggregate 函数，它的参数是 pipeline 管道，管道的概念是用于将当前命令的输出结果作为下一个命令的参数,管道是有顺序的,比如通过第一根管道操作以后没有符合的数据,那么之后的管道操作也就不会有输入,所以一定要注意管道操作的顺序。

假如 clothes 集合中包含 4 件衣服的数据(尺码、库存、颜色):

```
{ '_id': '* * *','size': 'S', 'num': 10, 'color': 'blue' },
{ '_id': '* * *','size': 'M', 'num': 45, 'color': 'blue' },
{ '_id': '* * *','size': 'S', 'num': 20, 'color': 'red' },
{ '_id': '* * *','size': 'L', 'num': 100, 'color': 'green' }
```

如果要获取不同尺码衣服的数据量(条数):

```
pipeline = [
        {'$group': {'_id': "$size", 'count': {'$sum': 1}}},
    ]
fori in db['clothes'].aggregate(pipeline):
    print(i)
```

打印的结果:

```
{'count':2, '_id': 'S'}
{'count':1, '_id': 'M'}
{'count':1, '_id': 'L'}
```

如果要查询库存量大于 10 的不同尺码衣服的数据量:

```
pipeline = [
        {'$match':{'num':{'$gte':10}}},
        {'$group': {'_id': "$size", 'count': {'$sum': 1}}},
    ]
```

$match 里的条件其实就和使用 find 函数里是一样的。上面代码中 group 意为分组,指数据根据哪个字段进行分组;{'$group': {'_id': "$size", 'count': {'$sum': 1},_id 为所要分的组,这里是以 size 字段分的,$sum 是求和的意思,后面的值 1 表示每出现一次就加 1,这样便能达到计数的目的了。如果要计算不同尺码的库存量,那么应该这样聚合:

```
{'$group': {'_id': '$size', 'count': {'$sum': '$num'}}}
```

如果想要知道不同尺码衣服库存的平均值呢?也就是先要求出库存的总数,再除以数据量,这里需要用到 $avg 操作。

```
pipeline = [
        {'$match':{'sum':{'$gte':5}}},
        {'$group': {'_id': '$size', 'avg': {'$avg': '$num'}}},
    ]
```

类似于 $avg 的操作还有很多，比较常用的是 $min(求最小值)，$max(求最大值)。

5.10 地理位置查询

MongoDB 地理位置索引常用的有 2d、2dsphere 两种。其中，2d 是平面坐标索引，适用于平面坐标计算；2dsphere 是几何球体索引，适用于球面几何运算，官方推荐使用该索引。不过，只要坐标跨度不太大(比如几百千米、几千千米)，这两个索引计算出的距离之差几乎可以忽略不计。

假定插入下面一组地理位置数据：

```
1.  import pymongo
2.  import pprint
3.  from pymongo.errors import BulkWriteError
4.
5.  db = pymongo.MongoClient().geo_example
6.  cities = [{"location": {'type': 'Point', 'coordinates': [2, 57]}, "name": "Aberdeen"},
7.            {"location": {'type': 'Point', 'coordinates': [13, 52]}, "name": "Berlin"},
8.            {"location": {'type': 'Point', 'coordinates': [26, 44]}, "name": "Bucha-
            rest"},
9.            {"location": {'type': 'Point', 'coordinates': [14, 40]}, "name": "Napoli"},
10.           {"location": {'type': 'Point', 'coordinates': [2, 48]}, "name": "Paris"},
11.           {"location": {'type': 'Point', 'coordinates': [-70, 35]}, "name": "Tokyo"},
12.           {"location": {'type': 'Point', 'coordinates': [8, 47]}, "name": "Zurich"}]
13. db.places.create_index([("location", pymongo.GEOSPHERE)])
14. result = db.places.insert_many(cities)
```

作者在早期使用 pymong 执行 mongDB 的原生命令来实现查询：

```
1.  from pymongo import IndexModel, ASCENDING, DESCENDING, GEO2D
2.  from bson.son import SON
3.  res = db.command(SON([("geoNear", "geo_example"),
4.                 ("near", [2, 57]),
5.                 ("distanceMultiplier", 111),
6.                 ("maxDistance", disMax / 111),
7.                 ("num", 3),
8.                 ]))  # 取距离[2, 57]最近的 3 个数据
```

事实上也可以通过下面的代码实现：

```
1.  db.places.find({"location":{
2.                 "$nearSphere": {
3.                 "$geometry": {
```

```
4.                  "type": "Point",
5.                  "coordinates": [2,57]},
6.                  "$maxDistance": 1}}}})    # maxDistance 单位为 m
```

如果也要同前面一样,查询取距离[2, 57]最近的 3 个数据,则需加上 limit(3)。

MongoDB 查询地理位置,默认有 3 种距离单位:米(meters)、平面单位(flat units,可以理解为经纬度的"一度")、弧度(radians)。通过 GeoJSON 格式查询,单位默认是米,而其他方式则比较混乱。如果用弧度查询,则以千米数除以 6 371(地球直径),如"目标点附近 500 米":

```
1.  db.command(SON([( { ("geoNear", "geo_example"),
2.                  ("near", [2, 57]),
3.                  ("spherical": true),
4.                  ("$maxDistance": 0.5/6 371) })]))
```

如果不用弧度,以水平单位(度)查询,则用查询范围的千米数除以 111(推荐值),原因是经纬度的一度,分为经度一度和纬度一度。地球不同纬度之间的距离是一样的,地球子午线(南极到北极的连线)长度为 39 940.67 千米,纬度一度大约为 110.9 千米。但是不同纬度的经度一度对应的长度却不一样,在地球赤道,一圈大约为 40 075 千米,除以 360°,每一个经度大概是:40 075 千米/360°=111.32 千米/(°)。前面提到的参数 111,这个值只是估算,并不完全准确,任意两点之间的距离,平均纬度越大,则这个参数的误差越大。在 $geoNear 返回结果集中的 dis,如果指定了 spherical 为 true,dis 的值为弧度,结果中的 dis 需要乘以 6 371 换算为千米;默认为 false 不指定,则为度,结果中的 dis 需要乘以 111 换算为千米。注意,使用原生命令若指定"maxDistance",则需要对其做相应的处理。

项目中如果要精确计算两点之间的距离,也可以用下面距离公式计算函数。

```
1.  def getDisFromAtoB(loc_A, loc_B):
2.      Lng_A = loc_A[0]
3.      Lat_A = loc_A[1]
4.      Lng_B = loc_B[0]
5.      Lat_B = loc_B[1]
6.      # 将十进制的度数转化为弧度
7.      lon1, lat1, lon2, lat2 = map(radians, [Lng_A, Lat_A, Lng_B, Lat_B])
8.      # haversine 公式
9.      dlon = lon2 - lon1
10.     dlat = lat2 - lat1
11.     a = sin(dlat / 2) ** 2 + cos(lat1) * cos(lat2) * sin(dlon / 2) ** 2
12.     c = 2 * asin(sqrt(a))
13.     r = 6 371# 地球平均半径,单位为 km
14.     dis = int(c * r * 1 000)# 转化为 m
15.     return dis
```

其中，参数 loc_A、loc_B 的数据格式为：[经度，纬度]。

5.11 在视图函数中操作数据库

前一节介绍的数据库操作可以直接在视图函数中进行。示例 5－2 是首页路由的新版本，把用户输入的名字记录到数据库中。

示例 5－2 hello.py：在视图函数中操作数据库。

```
1.  @app.route('/', methods = ['GET', 'POST'])
2.  def index():
3.      form = NameForm()
4.      if form.validate_on_submit():
5.          name = form.name.data
6.          user = USERS_COLLECTION.find_one({'name':name})
7.          if user is None:
8.              USERS_COLLECTION.insert_one({'name': name, 'password': '123456', 'role':
                'user'})
9.              session['known'] = False
10.         else:
11.             session['known'] = True
12.         session['name'] = name
13.         return redirect(url_for('index'))
14.     return render_template('index.html', form = form, name = session.get('name'),
15.                            known = session.get('known', False))
```

提交表单时，先在数据库查询用户名，如果没有该用户，则插入数据；如果数据库中有记录，再直接使用该用户名。另外，注意 session['known']作为开关的状态变化。

5.12 集成 Python shell

每次启动 shell 会话都要导入数据库实例和模型，这是份枯燥的工作。为了避免一直重复导入，我们可以做些配置，让 flask shell 命令自动导入这些对象。

若想把对象添加到导入列表中，必须使用 app.shell_context_processor 装饰器创建并注册一个 shell 上下文处理器，如示例 5－3 所示。

示例 5－3 hello.py：添加一个 shell 上下文。

```
1.  def make_shell_context():
2.      return dict(app = app, db = DATABASE, User = USERS_COLLECTION)
3.  manager.add_command('shell', Shell(make_context = make_shell_context))
```

这个 shell 上下文处理器函数返回一个字典,包含数据库实例和模型。除了默认导入的 app 之外,flask shell 命令将自动把这些对象导入 shell。在 flasky-5c 文件夹下运行:

```
(env) $ python hello.py shell
>>>app
<Flask 'hello'>
>>>db
Database(MongoClient(host = ['localhost:27017'], document_class = dict, tz_aware = False,
connect = True), 'blog')
>>>User
Collection(Database(MongoClient(host = ['localhost:27017'], document_class = dict, tz_a-
ware = False, connect = True), 'blog'), 'users')
```

此时,可以通过 User 集合直接对用户信息进行增删改查操作,就没有必要使用 mongo 的原始命令操作数据库了。

5.13 MongoDB 备份与恢复

在生产环境中使用 MongoDB 时,我们应该备份数据,以便在发生数据丢失事件时恢复数据。MongoDB 提供了 4 种可用备份方法:

① 用 Atlas 备份数据,即使用 MongoDB 官方的云服务进行备份。这种方式可以增量备份数据,确保备份的数据仅比生产环境的数据落后几秒钟。

② 用 MongoDB Cloud Manager 备份数据。这种方式通过读取 oplog 实现数据备份,还能够备份复制集和分片集群中的数据。

③ 通过复制底层数据文件进行备份。这种方式通过复制 MongoDB 的基础数据文件来实现数据备份,备份的前提是必须启用日志功能。

④ 使用 mongodump 备份数据。mongodump 读取 MongoDB 中的数据并保存为 BSON 文件,是备份和恢复小型数据库的简单而有效的方式,但不适合备份较大的数据库。要注意的是,用这种方式备份后的数据,在还原后必须重建索引。

上述几种备份还原方式各有优劣,这里只讨论 mongodump 备份。mongodump 可以为整个 MongoDB、指定数据库或指定集合创建备份,甚至可以使用查询语句实现备份集合的指定内容。

注意,在 Windows 平台下,MongoDB 4.2 版本以后的 bin 目录中没有 mongodump.exe 和 mongorestore.exe,需要在官网自行下载,保存在 bin 目录下。

5.13.1 备份数据

使用 mongodump 备份数据,指定备份数据的输出目录:

```
$ mongodump -- out /migrations
```

还可以备份指定数据库中的指定集合，在 flasky-5d 文件夹下执行：

```
$ mongodump -- db blog -- collection users -- out ./migrations/mongo_test_blogusers-backup
2022-03-18T00:03:36.781+0800  writingblog.users to migrations\mongo_test_bloguse-rsbackup\blog\users.bson
2022-03-18T00:03:36.805+0800  done dumping blog.users (3 documents)
```

5.13.2 还原数据

在学习数据的还原之前，我们先删除集合"users"，使用 shell 操作：

```
>>>User.drop()
```

用 mongorestore 恢复数据，在备份文件的同级目录唤起终端，并输入还原命令：

```
$ mongorestore ./migrations/mongo_test_blogusersbackup
2022-03-18T00:06:37.278+0800  preparing collections to restore from
2022-03-18T00:06:37.305+0800  reading metadata forblog.users from migrations\mongo_test_blogusersbackup\blog\users.metadata.json
2022-03-18T00:06:37.466+0800  restoringblog.users from migrations\mongo_test_blogusersbackup\blog\users.bson
2022-03-18T00:06:37.482+0800  finished restoring blog.users (3 documents, 0 failures)
2022-03-18T00:06:37.483+0800  no indexes to restore for collectionblog.users
2022-03-18T00:06:37.484+0800  3 document(s) restored successfully. 0 document(s) failed to restore.
```

数据库设计和用法相关的内容十分重要，也有大量相关的书籍介绍。本章只是简介，后续章节将讨论更高阶的内容。第6章着重说明电子邮件的发送。

第6章　电子邮件

很多类型的应用都需要在特定事件发生时通知用户，而常用的通信方法是电子邮件。本章介绍如何在 Flask 应用中发送电子邮件。

6.1　使用 Flask-Mail 提供电子邮件支持

虽然 Python 标准库中的 smtplib 包可用于在 Flask 应用中发送电子邮件，但包装了 smtplib 的 Flask-Mail 扩展能更好地与 Flask 集成。Flask-Mail 使用 pip 安装：

```
(venv) $ pip install flask-mail
```

Flask-Mail 连接到简单邮件传输协议(SMTP，simple mail transfer protocol)服务器，把邮件交给这个服务器发送。如果不进行配置，则 Flask-Mail 连接 localhost 上的 25 端口，无须验证身份即可发送电子邮件。表 6-1 列出了可用来设置 SMTP 服务器的配置。

表 6-1　Flask-Mail SMTP 服务器的配置

配　置	默认值	说　明
MAIL_SERVER	localhost	电子邮件服务器的主机名或 IP 地址
MAIL_PORT	25	电子邮件服务器的端口
MAIL_USE_TLS	FALSE	启用传输层安全(TLS，Transport Layer Security)协议
MAIL_USE_SSL	FALSE	启用安全套接层(SSL，Secure Sockets Layer)协议
MAIL_USERNAME	None	邮件账户的用户名
MAIL_PASSWORD	None	邮件账户的密码

在开发过程中，连接到外部 SMTP 服务器可能更方便。举个例子，示例 6-1 展示了如何配置应用，以便使用 Sendmail 账户发送电子邮件。

示例 6-1　hello.py：配置 Flask-Mail 使用 Sendmail。

```
1.    import os
2.    # ...
3.    app.config['MAIL_SERVER'] = 'smtpcloud.sohu.com'
4.    app.config['MAIL_PORT'] = 25
5.    app.config['MAIL_USE_TLS'] = True
```

```
6.    app.config['MAIL_USERNAME'] = os.environ.get('MAIL_USERNAME')
7.    app.config['MAIL_PASSWORD'] = os.environ.get('MAIL_PASSWORD')
```

千万不要把账户凭据直接写入脚本，特别是当你计划开源自己的作品时。为了保护账户信息，脚本应该从环境变量中导入敏感信息。

Sendmail 是一款 Linux/UNIX 下的老牌邮件服务器，也是一种免费的邮件服务器工具，已被广泛地应用于各种服务器中，它在稳定性、可移植性及确保没有 bug 等方面具有一定的特色，且可以在网络中搜索到大量的使用资料。Flask-Mail 的初始化方法如示例 6-2 所示。

示例 6-2　hello.py：初始化 Flask-Mail。

```
1.    from flask_mail import Mail
2.    mail = Mail(app)
```

保存电子邮件服务器用户名和密码的两个环境变量要在环境中定义。如果你使用的是微软 Windows 用户，可按照下面的方式设定环境变量：

```
(venv) $ set MAIL_USERNAME=<Gmail username>
(venv) $ set MAIL_PASSWORD=<Gmail password>
```

6.2　在 Python shell 中发送电子邮件

你可以打开一个 shell 会话，发送一封测试邮件，检查配置是否正确（记得把 you@example.com 换成你自己的电子邮件地址）：

```
(venv) $ flask shell
>>>fromflask_mail import Message
>>>from hello import mail
>>>msg = Message('test email', sender='you@example.com',
...        recipients=['you@example.com'])
>>>msg.body = 'This is the plain text body'
>>>msg.html = 'This isthe <b>HTML</b>body'
>>>withapp.app_context():
...mail.send(msg)
...
```

注意，Flask-Mail 的 send()函数使用 current_app，因此要在激活的应用上下文中执行。

6.3　在应用中集成电子邮件发送功能

为了避免每次都手动编写电子邮件消息，我们最好把应用发送电子邮件的通用部分抽象出来,定义成一个函数。这么做还有一个好处,即该函数可以使用 Jinja2 模板渲染邮件正文,灵活性极高。具体实现如示例 6-3 所示。

示例 6-3 hello.py:电子邮件支持。

```
1.  from flask_mail import Message
2.
3.  app.config['FLASKY_MAIL_SUBJECT_PREFIX'] = '[Flasky]'
4.  app.config['FLASKY_MAIL_SENDER'] = 'Flasky Admin <flasky@example.com>'
5.
6.  def send_email(to, subject, template, **kwargs):
7.      msg = Message(app.config['FLASKY_MAIL_SUBJECT_PREFIX'] + subject,
8.                    sender=app.config['FLASKY_MAIL_SENDER'], recipients=[to])
9.      msg.body = render_template(template + '.txt', **kwargs)
10.     msg.html = render_template(template + '.html', **kwargs)
11.     mail.send(msg)
```

这个函数用到了两个应用层面的配置项,分别定义邮件主题的前缀和发件人的地址。send_email()函数的参数分别为收件人地址、主题、渲染邮件正文的模板和关键字参数列表。指定模板时不能包含扩展名,这样才能使用两个模板分别渲染纯文本正文和 HTML 正文。调用者传入的关键字参数将传给 render_template()函数,作为模板变量提供给模板使用,用于生成电子邮件正文。

我们可以轻松扩展 index()视图函数,每当表单接收到新的名字,应用就给管理员发送一封电子邮件。修改方法如示例 6-4 所示。

示例 6-4 hello.py:电子邮件示例。

```
1.  # ...
2.  app.config['FLASKY_ADMIN'] = os.environ.get('FLASKY_ADMIN')
3.  # ...
4.  @app.route('/', methods=['GET', 'POST'])
5.  def index():
6.      form = NameForm()
7.      if form.validate_on_submit():
8.          user = User.query.filter_by(username=form.name.data).first()
9.          if user is None:
10.             user = User(username=form.name.data)
11.             db.session.add(user)
12.             session['known'] = False
13.             if app.config['FLASKY_ADMIN']:
14.                 send_email(app.config['FLASKY_ADMIN'], 'New User',
15.            'mail/new_user', user=user)
16.                 else:
17.         session['known'] = True
18.         session['name'] = form.name.data
```

```
19.        form.name.data = ''
20.        return redirect(url_for('index'))
21.    return render_template('index.html', form = form, name = session.get('name'),
22.                           known = session.get('known', False))
```

电子邮件的收件人保存在环境变量 FLASKY_ADMIN 中，在应用启动过程中，它会加载到一个同名配置变量中。我们要创建两个模板文件，分别用于渲染纯文本和HTML版本的邮件正文。这两个模板文件都保存在 templates 目录下的 mail 子目录中，以便和普通模板区分开来。电子邮件的模板中有一个模板参数是用户，因此调用 send_email()函数时要以关键字参数的形式传入用户。

除了前面提到的环境变量 MAIL_USERNAME 和 MAIL_PASSWORD 之外，应用的这个版本还需要使用环境变量 FLASKY_ADMIN。

对微软 Windows 用户来说，等价的命令是：

```
(venv) $ set FLASKY_ADMIN = <your - email - address>
```

设置好这些环境变量后，我们就可以测试应用了。每次你在表单中填写新名字，管理员都会收到一封电子邮件。

6.4 异步发送电子邮件

如果你发送了几封测试邮件，可能会注意到 mail.send()函数在发送电子邮件时停滞了几秒钟，在这个过程中浏览器就像无响应一样。为了在处理请求过程中避免不必要的延迟，我们可以把发送电子邮件的函数移到后台线程中。修改方法如示例 6-5 所示。

示例 6-5 hello.py:异步发送电子邮件。

```
1.  from threading import Thread   # 多线程
2.
3.  def send_async_email(app, msg):
4.      withapp.app_context():
5.          mail.send(msg)
6.
7.  def send_email(to, subject, template, * * kwargs):
8.      msg = Message(app.config['FLASKY_MAIL_SUBJECT_PREFIX'] + subject,
9.                    sender = app.config['FLASKY_MAIL_SENDER'], recipients = [to])
10.     msg.body = render_template(template + '.txt', * * kwargs)
11.     msg.html = render_template(template + '.html', * * kwargs)
12.     thr = Thread(target = send_async_email, args = [app, msg])
13.     thr.start()
14.     return thr
```

上述实现涉及一个有趣的问题。很多 Flask 扩展都假设已经存在激活的应用上下文和(或)请求上下文。前面说过,Flask-Mail 的 send()函数使用 current_app,因此必须激活应用上下文。不过,上下文是与线程配套的,在不同的线程中执行 mail. send()函数时,要使用 app. app_context()人工创建应用上下文。app 实例作为参数传入线程,因此可以通过它来创建上下文。

现在再运行应用,你会发现应用流畅多了。不过要注意,应用要发送大量电子邮件时,使用专门发送电子邮件的作业要比给每封邮件都新建一个线程更合适。例如,我们可以把执行 send_async_email()函数的操作发给 Celery 任务队列。

至此,我们完成了对大多数 Web 应用所需功能的概述。现在的问题是,hello. py 脚本变得越来越大,难以维护。第 7 章将学习如何组织大型应用的结构。

第 7 章　大型应用的结构

尽管在单个脚本文件中编写小型 Web 应用很方便，但这种方法的伸缩性不好。应用变复杂后，使用单个大型源码文件会导致很多问题。

不同于多数其他的 Web 框架，Flask 并不强制要求大型项目使用特定的组织方式，应用结构的组织方式完全由开发者决定。本章将介绍一种使用包和模块组织大型应用的方式。本书后续示例都将采用这种结构。

7.1　项目结构

Flask 应用的基本结构如示例 7－1 所示。

示例 7－1　多文件 Flask 应用的基本结构。

```
|-flasky
  |-app/
    |-templates/
    |-static/
    |-main/
      |-__init__.py
      |-errors.py
      |-forms.py
      |-views.py
    |-__init__.py
    |-email.py
    |-models.py
  |-migrations/
  |-tests/
    |-__init__.py
    |-test*.py
  |-venv/
  |-requirements.txt
  |-config.py
  |-manage.py
```

这种结构有 4 个顶级文件夹：

① Flask 应用一般保存在名为 app 的包中；

② 和之前一样,数据库迁移脚本在 migrations 文件夹中;

③ 单元测试在 tests 包中编写;

④ 和之前一样,Python 虚拟环境在 venv 文件夹中。

此外,这种结构还多了一些新文件:

① requirements.txt 列出了所有依赖包,便于在其他计算机中重新生成相同的虚拟环境;

② config.py 存储配置;

③ manage.py 定义 Flask 应用实例,同时还有一些辅助管理应用的任务。

为了帮助你完全理解这个结构,下面几节会说明把 hello.py 应用转换成这种结构的过程。

7.2 配置选项

应用经常需要设定多个配置。这方面最好的例子就是开发、测试和生产环境要使用不同的数据库,这样才不会彼此影响。

除了 hello.py 中类似字典的 app.config 对象之外,还可以使用具有层次结构的配置类。config.py 文件的内容如示例 7-2 所示,涵盖 hello.py 中的所有设置。

示例 7-2 config.py:应用的配置。

```
1.   import os
2.   basedir = os.path.abspath(os.path.dirname(__file__))
3.
4.   class Config:
5.       SECRET_KEY = os.environ.get('SECRET_KEY') or 'hard to guess string'
6.       BOOTSTRAP_SERVE_LOCAL = True # 采用本地静态文件
7.       MAIL_SERVER = 'smtpcloud.sohu.com' # 邮件设置
8.       MAIL_PORT = 25
9.       MAIL_USE_TLS = True
10.      # MAIL_USERNAME = os.environ.get('MAIL_USERNAME')
11.      # MAIL_PASSWORD = os.environ.get('MAIL_PASSWORD')
12.      MAIL_USERNAME = 'intumu_com******'
13.      MAIL_PASSWORD = '******'
14.      FLASKY_MAIL_SUBJECT_PREFIX = '[Flasky]'
15.      FLASKY_MAIL_SENDER = 'Flasky Admin <flasky@example.com>'
16.      # FLASKY_ADMIN = os.environ.get('FLASKY_ADMIN')
17.      FLASKY_ADMIN = '******@qq.com'
18.
19.      @staticmethod
20.      def init_app(app):
```

```
21.         pass
22.
23.     class DevelopmentConfig(Config):
24.         DEBUG = True
25.
26.     class TestingConfig(Config):
27.         TESTING = True
28.
29.     class ProductionConfig(Config):
30.         pass
31.
32.     config = {
33.         'development': DevelopmentConfig,
34.         'testing': TestingConfig,
35.         'production': ProductionConfig,
36.         'default': DevelopmentConfig  # 默认测试状态
37.     }
```

基类 Config 中包含通用配置,各个子类分别定义专用的配置。如果需要,还可以添加其他配置类。

为了让配置方式更灵活且更安全,多数配置都可以从环境变量中导入。例如,SECRET_KEY 的值,这是个敏感信息,可以在环境中设定,但系统也提供了一个默认值,以防环境中没有定义。通常,在开发过程中可以使用这些设置的默认值,但是在生产服务器中应该通过环境变量设定各个值。电子邮件服务器的配置选项也都从环境变量中导入,不过为了开发方便,提供了指向 Sendmail 服务器的默认值。

千万不要把密码或其他机密信息写在纳入版本控制的配置文件中。

在 3 个子类中,变量都被指定了不同的值。这样应用就可以在不同的环境中使用不同的数据库。把不同环境的数据库区分开是十分必要的,因为你肯定不想让单元测试修改日常开发中使用的数据库。各配置子类尝试从环境变量中导入数据库的 URL,如果相应的环境变量没有设定,则使用数据库的默认值。测试环境默认使用一个内存中的数据库,因为测试运行结束后无需保留任何数据。

开发环境和生产环境都配置了邮件服务器。为了再给应用提供一种定制配置的方式,Config 类及其子类可以定义 init_app()类方法,其参数为应用实例。现在,基类 Config 中的 init_app()方法为空。

在这个配置脚本末尾,config 字典中注册了不同的配置环境,还注册了一个默认配置(这里注册为开发环境)。

7.3 应用包

应用包用于存放应用的所有代码、模板和静态文件。我们可以把这个包直接称为

app(应用),如果有需求,也可以使用一个应用专属的名称。templates 和 static 目录现在是应用包的一部分,因此要把二者移到 app 包中。数据库模型和电子邮件支持函数也要移到这个包中,分别保存为 app/models.py 和 app/email.py。

7.3.1 使用应用工厂函数

在单个文件中开发应用是很方便,但却有个很大的缺点:应用在全局作用域中创建,无法动态修改配置。运行脚本时,应用实例已经创建,再修改配置为时已晚。这一点对单元测试尤其重要,因为有时为了提高测试覆盖度,必须在不同的配置下运行应用。

这个问题的解决方法是延迟创建应用实例,把创建过程移到可显式调用的工厂函数中。这种方法不仅可以给脚本留出配置应用的时间,还能够创建多个应用实例,为测试提供便利。应用的工厂函数在 app 包的构造文件中定义,如示例 7-3 所示。

示例 7-3 app/__init__.py:应用包的构造文件。

```
1.  from flask import Flask
2.  from flask_bootstrap import Bootstrap
3.  from flask_moment import Moment
4.  from flask_mail import Mail, Message
5.  from pymongo import MongoClient # 导入 mongoClient 库
6.
7.  from config import config
8.
9.  bootstrap = Bootstrap()
10. mail = Mail()
11. moment = Moment()
12. DB_NAME = 'blog' # 数据库名
13.
14. DATABASE = MongoClient()[DB_NAME]  # 连接数据库
15. USERS_COLLECTION = DATABASE['users']  # 用户集合
16. POSTS_COLLECTION = DATABASE['posts']  # 文章集合
17. COMENTS_COLLECTION = DATABASE['coments'] # 评论集合
18.
19. def create_app(config_name):
20.     app = Flask(__name__)
21.     app.config.from_object(config[config_name])
22.     config[config_name].init_app(app)
23.
24.     bootstrap.init_app(app)
25.     mail.init_app(app)
26.     moment.init_app(app)
27.
```

```
28.        from .main import main as main_blueprint
29.        app.register_blueprint(main_blueprint)
30.
31.        return app
```

构造文件导入了大多数正在使用的 Flask 扩展。由于尚未初始化所需的应用实例，所以创建扩展类时没有向构造函数传入参数，因此扩展并未真正初始化。create_app()函数是应用的工厂函数，接收一个参数，是应用使用的配置名。配置类在 config.py 文件中定义，其中保存的配置可以使用 Flask app.config 配置对象提供的 from_object()方法直接导入应用。至于配置对象，则可以通过名称从 config 字典中选择。应用创建并配置好后，就能初始化扩展了。在之前创建的扩展对象上调用 init_app()便可以完成初始化。

现在，应用在这个工厂函数中初始化，使用 Flask 配置对象的 from_object()方法，其参数为 config.py 中定义的某个配置类。此外，这里还调用了所选配置的 init_app()方法，以便执行更复杂的初始化过程。

工厂函数返回创建的应用示例，不过要注意，现在工厂函数创建的应用还不完整，因为没有路由和自定义的错误页面处理程序。这是下一小节要讨论的内容。

7.3.2 在蓝本中实现应用功能

转换成应用工厂函数的操作让定义路由变复杂了。在单脚本应用中，应用实例存在于全局作用域中，路由可以直接使用 app.route 装饰器定义。但现在应用在运行时创建，只有调用 create_app()之后才能使用 app.route 装饰器，这时定义路由就太晚了。自定义的错误页面处理程序也面临相同的问题，因为错误页面处理程序使用 app.errorhandler 装饰器定义。

幸好，Flask 使用蓝本(blueprint)提供了更好的解决方法。蓝本和应用类似，也可以定义路由和错误处理程序。不同的是，在蓝本中定义的路由和错误处理程序处于休眠状态，直到蓝本注册到应用上之后，它们才真正成为应用的一部分。使用位于全局作用域中的蓝本时，定义路由和错误处理程序的方法几乎与单脚本应用一样。

与应用一样，蓝本可以在单个文件中定义，也可使用更结构化的方式在包中的多个模块中创建。为了获得最大的灵活性，我们将在应用包中创建一个子包，用以保存应用的第一个蓝本。示例 7-4 是这个子包的构造文件，蓝本就创建于此。

示例 7-4 app/main/__init__.py:创建主蓝本。

```
1.    from flask import Blueprint
2.
3.    main = Blueprint('main', __name__)
4.
5.    from . import views, errors
```

蓝本通过实例化一个 Blueprint 类对象创建。这个构造函数有两个必须指定的参数:蓝本的名称和蓝本所在的包或模块。与应用一样,多数情况下第二个参数使用 Python 的__name__变量即可。

应用的路由保存在包里的 app/main/views. py 模块中,而错误处理程序保存在 app/main/errors. py 模块中。导入这两个模块就能把路由和错误处理程序与蓝本关联起来。注意,这些模块在 app/main/__init__. py 脚本的末尾导入,这是为了避免循环导入依赖,因为在 app/main/views. py 和 app/main/errors. py 中还要导入 main 蓝本,所以除非循环引用出现在定义 main 之后,否则会致使导入出错。

from . import <some-module>句法表示相对导入。语句中的. 表示当前包。稍后还会见到一种十分有用的相对导入句法,即 from .. import <some-module>,这里的“..”表示当前包的上一层。

蓝本在工厂函数 create_app()中注册到应用上,如示例 7-5 所示。

示例 7-5 app/__init__. py:注册主蓝本。

```
1.  def create_app(config_name):
2.      # ...
3.
4.      from .main import main as main_blueprint
5.      app.register_blueprint(main_blueprint)
6.
7.      return app
```

示例 7-6 给出了错误处理程序。

示例 7-6 app/main/errors. py:主蓝本中的错误处理程序。

```
1.  from flask import render_template
2.  from . import main
3.
4.  @main.app_errorhandler(404)
5.  def page_not_found(e):
6.      return render_template('404.html'), 404
7.
8.  @main.app_errorhandler(500)
9.  def internal_server_error(e):
10.     return render_template('500.html'), 500
```

在蓝本中编写错误处理程序稍有不同,如果使用 errorhandler 装饰器,那么只有蓝本中的错误才能触发处理程序。要想注册应用全局的错误处理程序,必须使用 app_errorhandler 装饰器。

在蓝本中定义的应用路由如示例 7-7 所示。

示例 7-7 app/main/views. py:主蓝本中定义的应用路由。

```
1.  from flask import render_template, session, redirect, url_for, current_app
2.  from .. import DATABASE,USERS_COLLECTION
```

```
3.    from ..email import send_email
4.    from . import main
5.    from .forms import NameForm
6.
7.
8.    @main.route('/', methods=['GET', 'POST'])
9.    def index():
10.       form = NameForm()
11.       if form.validate_on_submit():
12.           name = form.name.data
13.           user = USERS_COLLECTION.find_one({'name':name})
14.           if user is None:
15.                   USERS_COLLECTION.insert_one({'name': name, 'password': '123456', 'role':
'user'})
16.               session['known'] = False
17.   if current_app.config['FLASKY_ADMIN']:
18.                   send_email(current_app.config['FLASKY_ADMIN'], 'New User',
19.                       'mail/new_user', user=user)    # send_email: (to: Any, subject:
Any, template: Any, **kwargs: Any)
20.           else:
21.               session['known'] = True
22.           session['name'] = name
23.           return redirect(url_for('.index'))
24.       return render_template('index.html', form=form, name=session.get('name'),
25.                              known=session.get('known', False))
```

在蓝本中编写视图函数主要有两点不同:第一,与前面的错误处理程序一样,路由装饰器由蓝本提供,因此使用的是 main.route,而非 app.route;第二,url_for()函数的用法不同,url_for()函数的第一个参数是路由的端点名,在应用的路由中,默认为视图函数的名称。例如,在单脚本应用中,index()视图函数的 URL 可使用 url_for('index')获取。在蓝本中就不一样了,Flask 会为蓝本中的全部端点加上一个命名空间,这样就可以在不同的蓝本中使用相同的端点名定义视图函数,而不产生冲突。命名空间是蓝本的名称(Blueprint 构造函数的第一个参数),而且它与端点名之间以一个点号分隔。因此,视图函数 index()注册的端点名是 main.index,其 URL 使用 url_for('main.index')获取。

url_for()函数还支持一种简写的端点形式,在蓝本中可以省略蓝本名,例如 url_for('.index')。在这种写法中,使用当前请求的蓝本名补足端点名。这意味着,同一蓝本中的重定向可以使用简写形式,但跨蓝本的重定向必须使用带有蓝本名的完全限定端点名。

为了完成对应用包的修改,还要把表单对象移到蓝本中,保存在 app/main/forms.py 模块里。

7.4 应用脚本

应用实例在顶级目录中的 manage.py 模块里定义。这个脚本的内容如示例 7-8 所示。

示例 7-8 manage.py:主脚本。

```
1.   #! /usr/bin/env python
2.   import os
3.   from app import create_app, DATABASE,USERS_COLLECTION
4.   from flask_script import Manager,Shell
5.
6.
7.   app = create_app(os.getenv('FLASK_CONFIG') or 'default')
8.   manager = Manager(app)
9.
10.
11.  def make_shell_context():
12.      return dict(app = app, db = DATABASE, User = USERS_COLLECTION)
13.  manager.add_command('shell', Shell(make_context = make_shell_context))
14.
15.
16.  @manager.command
17.  def test():
18.      """Run the unit tests."""
19.      import unittest
20.      tests = unittest.TestLoader().discover('tests')
21.      unittest.TextTestRunner(verbosity = 2).run(tests)
22.
23.
24.  if __name__ == '__main__':
25.      manager.run()
```

这个脚本先创建一个应用实例。如果已经定义了环境变量 FLASK_CONFIG,则从中读取配置名;否则,使用默认配置。然后初始化 Flask-Migrate 和为 Python shell 定义的上下文。

因为应用的主脚本由 hello.py 变成了 manage.py,所以要相应地修改 FLASK_APP 环境变量,以便 flask 命令找到应用实例。此外,还可以设置 FLASK_DEBUG=1,启用 Flask 的调试模式。

微软 Windows 用户还可以这样做:

```
(venv) $ set FLASK_APP = flasky.py
(venv) $ set FLASK_DEBUG = 1
```

7.5 需求文件

应用中最好有个 requirements.txt 文件,用于记录所有依赖包及其精确的版本号。如果要在另一台计算机上重新生成虚拟环境,这个文件的重要性就体现出来了,例如部署应用时使用的设备。这个文件可由 pip 自动生成,使用的命令如下:

```
(venv) $ pip freeze >requirements.txt
```

安装或升级包后,最好更新这个文件。需求文件的内容示例如下:

```
autopep8 == 1.6.0
blinker == 1.4
click == 7.1.2
colorama == 0.4.4
dataclasses == 0.8
dominate == 2.6.0
Flask == 1.1.4
Flask-Bootstrap == 3.3.7.1
Flask-Mail == 0.9.1
Flask-Moment == 1.0.2
Flask-Script == 2.0.6
Flask - WTF == 1.0.0
importlib - metadata == 4.8.3
itsdangerous == 1.1.0
Jinja2 == 2.11.3
MarkupSafe == 2.0.1
pycodestyle == 2.8.0
pymongo == 4.0.2
pymongo - migrate == 0.11.0
toml == 0.10.2
typing_extensions == 4.1.1
visitor == 0.1.3
Werkzeug == 1.0.1
WTForms == 3.0.0
zipp == 3.6.0
```

如果想创建这个虚拟环境的完整副本,可以先创建一个新的虚拟环境,然后在其中运行下述命令:

```
(venv) $ pip install -r requirements.txt
```

当你阅读本书时,该示例 requirements.txt 文件中的版本号可能已经过期了。如果你愿意,可以尝试使用这些包的最新版。如果遇到问题,可以随时换回这个需求文件中的版本,因为这些版本与本书开发的这个应用是兼容的。

7.6 单元测试

这个应用很小,没什么可测试的。不过为了演示,我们可以编写两个简单的测试,如示例 7-9 所示。

示例 7-9 tests/test_basics.py:单元测试。

```
1.  import unittest
2.  from flask import current_app
3.  from app import create_app
4.
5.
6.  class BasicsTestCase(unittest.TestCase):
7.      def setUp(self):
8.          self.app = create_app('testing')
9.          self.app_context = self.app.app_context()
10.         self.app_context.push()
11.
12.
13.     def tearDown(self):
14.         self.app_context.pop()
15.
16.     def test_app_exists(self):
17.         self.assertFalse(current_app is None)
18.
19.     def test_app_is_testing(self):
20.         self.assertTrue(current_app.config['TESTING'])
```

这些测试使用 Python 标准库中的 unittest 包编写。测试用例类的 setUp()和 tearDown()方法分别在各测试之前和之后运行。名称以 test_开头的方法都作为测试运行。

如果想进一步了解如何使用 Python 的 unittest 包编写测试,请阅读官方文档(https://docs.python.org/3.6/library/unittest.html)。

setUp()方法尝试创建一个测试环境,尽量与正常运行应用所需的环境一致。首先,使用测试配置创建应用,然后激活上下文。这一步的作用是确保能在测试中使用 current_app,就像普通请求一样。然后,使用 Flask-SQLAlchemy 的 create_all()方法创建一个全新的数据库，供测试使用。数据库和应用上下文在 tearDown()方法中删除。

第一个测试确保应用实例存在。第二个测试确保应用在测试配置中运行。若想把 tests 目录作为包来使用，要添加 tests/init.py 模块，不过这个文件可以为空，因为 unittest 包会扫描所有模块，找出测试。

为了运行单元测试，可以在 flasky.py 脚本中添加一个自定义命令。示例 7-10 展示了如何添加 test 命令。

示例 7-10　flasky.py：启动单元测试的命令。

```
1.  @manager.command
2.  def test():
3.      """Run the unit tests."""
4.      import unittest
5.      tests = unittest.TestLoader().discover('tests')
6.      unittest.TextTestRunner(verbosity=2).run(tests)
```

manager.command 装饰器把自定义命令变得很简单。被装饰的函数名就是命令名，函数的文档字符串会显示在帮助消息中。test()函数的定义体中调用了 unittest 包提供的测试运行程序。

单元测试可使用下面的命令运行：

```
(venv) ...\flasky\flasky-7a >python manage.py test
test_app_exists (test_basics.BasicsTestCase) ... ok
test_app_is_testing (test_basics.BasicsTestCase) ... ok
----------------------------------------------------------------------
Ran 2 tests in 0.006 s

OK
```

7.7 创建数据库

Mongodb 的优势就在这里体验，不用预定义数据类型，届时直接自动创建数据库及集合。下面以用户登录为例（见示例 7-11）。

示例 7-11　app/auth/views.py：登录路由。

```
1.  from flask import render_template, redirect, request, url_for, flash
2.  from flask_login import login_user, logout_user, login_required
3.  from . import auth
4.  from ..models import User
5.  from .forms import LoginForm
```

```
6.  from .. import DATABASE,USERS_COLLECTION  # 导入数据集合
7.
8.  @auth.route('/login', methods = ['GET', 'POST'])
9.  def login():
10.     form = LoginForm()
11.     if request.method == 'POST' and form.validate_on_submit():
12.         user = USERS_COLLECTION.find_one({'email': form.username.data})
13.         if user and User.validate_login(user['password'], form.password.data):
14.             user_obj = User(user['_id'])
15.             login_user(user_obj)
16.             return redirect(request.args.get('next') or url_for('main.index'))
17. #如果没有重定向则闪现提示,这里也可以用 else,作为提示
18.         flash('Invalid username or password.')
19.     return render_template('auth/login.html', form = form)
```

7.8 运行应用

重构至此结束,可以启动应用了。先确保你按照 7.4 节的说明更新了 FLASK_APP 环境变量,然后像之前一样运行应用:

```
(venv) $ python manage.py runerver
```

每次启动一个新的命令提示符会话,都要设定 FLASK_APP 和 FLASK_DEBUG 环境变量,这有点麻烦。你可以做些配置,让系统自动设定这些变量。如果你使用 bash,可以把环境变量添加到~/.bashrc 文件中。

你可能不相信,第一部分到此就结束了。现在你已经学到了使用 Flask 开发 Web 应用的必备基础知识,不过可能还不确定如何把这些知识融会贯通起来开发一个真正的应用。本书第二部分的目的就是解决这个问题,笔者将带领你一步步开发出一个完整的应用。

第二部分 实例：Web 2.0 博客

第8章 用户身份验证

多数应用都要记录用户是谁。用户连接应用时会验证身份，通过这一过程，让应用知道自己的身份。应用知道用户是谁后，就能提供有针对性的体验。

最常用的身份验证方法是要求用户提供一个身份证明，可以是用户的电子邮件地址，也可以是用户名，以及一个只有用户自己知道的密令，我们称之为密码。本章将为Flasky开发一个完整的身份验证系统。

8.1 Flask的身份验证扩展

优秀的Python身份验证包很多，但没有一个能实现所有功能。本章介绍的身份验证方案将使用多个包，而且还要编写胶水代码，让不同的包良好协作。本章使用的包及其作用列表如下：

(1) Flask-Login

Flask-Login是一个基于Flask的第三方插件，它提供了用户身份验证和会话管理的功能。通过Flask-Login，我们可以很方便地实现用户登录和注销、用户会话管理和保护，以及需要登录才能访问的页面等功能。

Flask-Login的具体功能包括：用户登录和注销功能；保护需要登录才能访问的页面；记住用户会话状态；在应用中获取当前登录的用户对象；使用Flask-Login，我们可以很方便地实现用户系统的功能，从而让我们的应用具备更好的用户交互体验和安全性。

(2) Werkzeug

Werkzeug是一个WSGI(Web Server Gateway Interface)工具库，它实现了HTTP协议相关的请求和响应对象，这些对象可以被任何符合WSGI标准的Web框架使用。Werkzeug提供了一些实用工具，如调试器、路由器、HTTP认证等，使得开发Web应用程序变得更加容易。同时，Werkzeug还支持Unicode和多语言，具有良好的兼容性。

(3) itsdangerous

itsdangerous 是一个 Python 库,用于处理加密/解密、签名和令牌生成。通常用于处理与用户验证、会话和记住我(cookie)相关的问题。其主要特点包括:可以生成加密令牌;可以生成签名令牌;可以验证令牌的有效性和完整性;可以设置令牌的过期时间。

除了身份验证相关的包之外,本章还将用到如下常规用途的扩展。

① Flask-Mail:发送与身份验证相关的电子邮件;

② Flask-Bootstrap:HTML 模板;

③ Flask - WTF:Web 表单。

8.2 密码安全性

设计 Web 应用时,人们往往会忽视数据库中用户信息的安全性。如果攻击者入侵服务器,攫取了数据库,用户的安全就处在风险之中,而且这个风险超乎你的想象。众所周知,多数用户会在不同的网站中使用相同的密码。因此,即便不保存任何敏感信息,攻击者获得存储在数据库中的密码之后,也能访问用户在其他网站中的账户。

若想保证数据库中用户密码的安全,关键在于不存储密码本身,而是存储密码的散列值。计算密码散列值的函数接收密码作为输入,添加随机内容(盐值)之后,使用多种单向加密算法转换密码,最终得到一个和原始密码没有关系的字符序列,而且无法还原成原始密码。核对密码时,密码散列值可代替原始密码,因为计算散列值的函数是可复现的:只要输入(密码和盐值)一样,结果就一样。

计算密码散列值是个复杂的任务,很难做到正确处理。因此强烈建议你不要自己实现,而是使用经过社区成员审查且声誉良好的库。下一节将演示 Werkzeug 的密码散列函数的用法。此外,还可以使用 bcrypt 和 Passlib 计算密码的散列值。如果你对生成安全密码散列值的过程感兴趣,Defuse Security 的文章 *Salted Password Hashing - Doing it Right* 值得一读。

使用 Werkzeug 计算密码散列值,利用 Werkzeug 中的 security 模块实现密码散列值的计算。这一功能的实现只需要两个函数,分别用在注册和核对两个阶段。

```
generate_password_hash(password, method = 'pbkdf2:sha256', salt_length = 8)
```

这个函数的输入为原始密码,返回密码散列值的字符串形式,供存入用户数据库。method 和 salt_length 的默认值就能满足大多数需求。

```
check_password_hash(hash, password)
```

这个函数的参数是从数据库中取回的密码散列值和用户输入的密码。返回值为 True 时表明用户输入的密码正确。

在创建的 User 模型的基础上添加密码散列所需的改动,如示例 8 - 1 所示。

示例 8 - 1 app/manage. py:在代码中,针对 admin 加入密码散列。

```
1.    from werkzeug.security import generate_password_hash, check_password_hash
2.
3.    @manager.command
4.    def user_test():
5.        """generate_password_hash"""
6.        USERS_COLLECTION.update_one({'role': 'admin'}, {'$set': {'password': generate_password_hash('123456')}})
```

计算密码散列值的函数通过名为 password 的只写属性实现。设定这个属性的值时，赋值方法会调用 Werkzeug 提供的 generate_password_hash()函数，并把得到的结果写入 password_hash 字段。如果试图读取 password 属性的值，则会返回错误，原因很明显，因为生成散列值后就无法还原成原来的密码了。

verify_password()方法接受一个参数（即密码），将其传给 Werkzeug 提供的 check_password_hash()函数，与存储在 User 模型中的密码散列值进行比对。如果这个方法返回 True，表明密码是正确的。

密码散列功能已经完成，下面在 shell 中测试一下：

```
(venv) $ python manage.py shell
>>>User.find_one({'role': 'admin'})
{'_id': ObjectId('6233369033ac48c957cdfbd2'), 'name': 'admin', 'password': 'pbkdf2:sha256:150000$3JZnlcDd$e2d643a5cbdee4507cdf7918d8578aae5e0acf814a1eff9559ca2a58795fd637', 'role': 'admin'}
```

可以看到，原本 admin 的密码从 '123456' 变为

'pbkdf2:sha256:150000$3JZnlcDd$e2d643a5cbdee4507cdf7918d8578aae5e0acf814a1eff9559ca2a58795fd637'

8.3 创建身份验证蓝本

我们在第 7 章介绍过蓝本，把创建应用的过程移入工厂函数后，可使用蓝本在全局作用域中定义路由。本节将在一个新蓝本中定义与用户身份验证子系统相关的路由，这个蓝本名为 auth。把应用的不同子系统放在不同的蓝本中，有利于保持代码整洁有序。

auth 蓝本保存在同名 Python 包中。这个蓝本的包构造函数创建蓝本对象，再从 views.py 模块中导入路由，代码如示例 8－2 所示。

示例 8－2　app/auth/__init__.py：创建身份验证蓝本。

```
1.    from flask import Blueprint
2.
3.    auth = Blueprint('auth', __name__)
```

```
4.
5.    from . import views
```

app/auth/views.py 模块导入蓝本,然后使用蓝本的 route 装饰器定义与身份验证相关的路由,如示例 8-3 所示。这段代码添加了一个/login 路由,渲染同名占位模板。

示例 8-3 app/auth/views.py:身份验证蓝本中的路由和视图函数。

```
1.    from flask import render_template
2.    from . import auth
3.
4.    @auth.route('/login')
5.    def login():
6.        return render_template('auth/login.html')
```

注意,为 render_template()指定的模板文件保存在 auth 目录中。这个目录必须在 app/templates 中创建,因为 Flask 期望模板的路径是相对于应用的模板目录而言的。把蓝本中用到的模板放在单独的子目录中,能避免与 main 蓝本或以后添加的蓝本发生冲突。

我们也可以配置蓝本使用专门的目录保存模板。如果配置了多个模板目录,那么 render_template()函数会先搜索应用的模板目录,然后再搜索蓝本的模板目录。

auth 蓝本要在 create_app()工厂函数中附加到应用上,如示例 8-4 所示。

示例 8-4 app/__init__.py:注册身份验证蓝本。

```
1.    def create_app(config_name):
2.        # ...
3.        from .auth import auth as auth_blueprint
4.        app.register_blueprint(auth_blueprint, url_prefix='/auth')
5.
6.        return  app
```

注册蓝本时使用的 url_prefix 是可选参数。如果使用了这个参数,注册后蓝本中定义的所有路由都会加上指定的前缀,即这个例子中的/auth。例如,/login 路由会注册成/auth/login,在开发 Web 服务器中,完整的 URL 就变成了 http://localhost:5000/auth/login。

8.4 使用 Flask-Login 验证用户身份

用户登录应用后,他们的验证状态要记录在用户会话中,这样浏览不同的页面时才能记住这个状态。Flask-Login 是个非常有用的小型扩展,专门用于管理用户身份验证系统中的验证状态,且不依赖特定的身份验证机制。

使用之前,要在虚拟环境中安装这个扩展:

```
(venv) $ pip install flask - login
```

8.4.1 准备用于登录的用户模型

Flask-Login的运转需要应用中有User对象。要想使用Flask-Login扩展,应用的User模型必须实现几个属性和方法,如表8-1所列。

表8-1 Flask-Login要求实现的属性和方法

属性/方法	说 明
is_authenticated	如果用户提供的登录凭据有效,必须返回True,否则返回False
is_active	如果允许用户登录,必须返回True,否则返回False
is_anonymous	对普通用户必须始终返回False,如果是表示匿名用户的特殊用户对象,应该返回True
get_id()	必须返回用户的唯一标识符,使用Unicode编码字符串

这些属性和方法可以直接在模型类中实现,不过还有一种更简单的替代方案。Flask-Login提供了一个UserMixin类,其中包含默认实现,能满足多数需求。修改后的User模型如示例8-5所示。

示例8-5 app/models.py:修改User模型,支持用户登录。

```
1.  from werkzeug.security import check_password_hash
2.
3.  class User():
4.
5.      def __init__(self, id):  #  这个id也可以是对象
6.          self.id = id
7.
8.      # 用户是否登录
9.      def is_authenticated(self):
10.         return True
11.
12.     # 用户状态是否处于在线
13.     def is_active(self):
14.         return True
15.
16.     # 用户是否为匿名访问
17.     def is_anonymous(self):
18.         return False
19.
20.     # 返回传递进来的id,可以是对象
21.     def get_id(self):
22.         return self.id
23.
```

```
24.        # 类的静态方法,验证登录密码
25.        @staticmethod
26.        def validate_login(password_hash, password):
27.            return check_password_hash(password_hash, password)
28.
29.    # 登录器,用 curent_user.get_id()即可获取 id,可以是对象
30.    @login_manager.user_loader
31.    def load_user(id):
32.        return User(id)
```

注意,这个示例使用的是 id 字段,对应的是 mongoDB 文档数据的 index,即'_id'。当然,现在网站很多都用微信扫码登录进行鉴权,就免去了用户名或者 email 字段,一般传递的是一个 OpenID 字段。另外,在这各类中也可以直接定义用户的增删改查系列操作函数。

Flask-Login 在应用的工厂函数中初始化,如示例 8-6 所示。

示例 8-6 app/__init__.py:初始化 Flask-Login。

```
1.    from flask_login import LoginManager
2.
3.    login_manager = LoginManager()
4.    login_manager.login_view = 'auth.login'
5.
6.    def create_app(config_name):
7.        # ...
8.        login_manager.init_app(app)
9.        # ...
```

LoginManager 对象的 login_view 属性用于设置登录页面的端点。匿名用户尝试访问受保护的页面时,Flask-Login 将重定向到登录页面。因为登录路由在蓝本中定义,所以要在前面加上蓝本的名称。

8.4.2 保护路由

为了保护路由,只让通过身份验证的用户访问,Flask-Login 提供了一个 login_required 装饰器。其用法演示如下:

```
1.    from flask_login import login_required
2.
3.    @app.route('/secret')
4.    @login_required
5.    def secret():
6.        return 'Only authenticated users are allowed! '
```

从这个示例可以看出,多个函数装饰器可以叠加使用。函数上有多个装饰器时,各

装饰器只对随后的装饰器和目标函数起作用。在这个示例中，secret()函数受 login_required 装饰器的保护，禁止未授权的用户访问，得到的函数又注册为一个 Flask 路由。如果调换两个装饰器，得到的结果将是错的，因为原始函数先注册为路由，然后才从 login_required 装饰器接收到额外的属性。

得益于 login_required 装饰器，如果未通过身份验证的用户访问这个路由，Flask-Login 拦截请求，把用户发往登录页面。

8.4.3 添加登录表单

呈现给用户的登录表单中包含一个用于输入电子邮件地址的文本字段、一个密码字段、一个“记住我”复选框和一个提交按钮。这个表单使用的 Flask - WTF 类如示例 8 - 7 所示。

示例 8 - 7 app/auth/forms. py:登录表单。

```
1.  from flask_wtf import FlaskForm
2.  from wtforms import StringField, PasswordField, BooleanField, SubmitField
3.  from wtforms.validators import DataRequired ,Length, Email
4.  class LoginForm(FlaskForm):
5.      email = StringField('Email', validators=[DataRequired(), Length(1, 64),
6.                                               Email()])
7.      password = PasswordField('Password', validators=[DataRequired()])
8.      remember_me = BooleanField('Keep me logged in')
9.      submit = SubmitField('Log In')
```

PasswordField 类表示属性为 type='password' 的<input>元素。BooleanField 类表示复选框。

电子邮件字段用到了 WTForms 提供的 Length()、Email()和 DataRequired()这 3 个验证函数，不仅确保这个字段有值，而且必须是有效的。提供验证函数列表时，WT-Forms 将按照指定的顺序执行各个验证函数。倘若验证失败，显示的错误消息将是首个失败的验证函数的消息。

登录页面使用的模板保存在 auth/login. html 文件中。这个模板只需使用 Flask-Bootstrap 提供的 wtf. quick_form()宏渲染表单即可。登录表单在浏览器中渲染后的样子如图 8 - 1 所示。

base. html 模板中的导航栏可以使用 Jinja2 条件语句判断当前用户的登录状态，分别显示 Log In 或 Log Out 链接。这个条件语句如示例 8 - 8 所示。

示例 8 - 8 app/templates/base. html:导航栏中的 Log In 和 Log Out 链接。

```
1.  <ul class='nav navbar-nav navbar-right'>
2.      {% ifcurrent_user.is_authenticated %}
3.  <li><a href='{{ url_for('auth.logout') }}'>Log Out</a></li>
```

```
4.        {% else %}
5.            <li><a href='{{ url_for('auth.login') }}'>Log In</a></li>
6.        {% endif %}
7.    </ul>
```

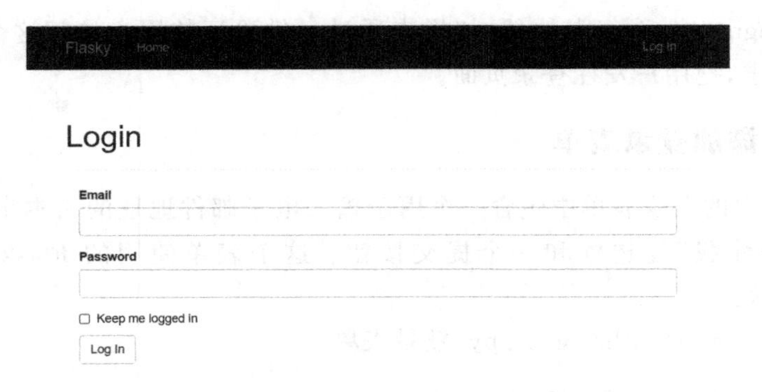

图 8-1　登录表单

判断条件中的变量 current_user 由 Flask-Login 定义,在视图函数和模板中自动可用。这个变量的值是当前登录的用户,如果用户未登录,则是一个匿名用户代理对象。匿名用户对象的 is_authenticated 属性值是 False,所以通过 current_user.is_authenticated 表达式就能判断当前用户是否登录。

注意,从 WTForms 2.3.0 版本开始,电子邮件验证由名为 email-validator 的外部库处理。如果要启用电子邮件验证支持,则需要安装带有额外要求的 WTForms email。

```
(venv) $ pip install email-validator
```

8.4.4　用户登录

视图函数 login()的实现如示例 8-9 所示。

示例 8-9　app/auth/views.py:登录路由。

```
1.    from flask import render_template, redirect, request, url_for, flash
2.    from flask_login import login_user, logout_user, login_required
3.    from . import auth
4.    from ..models import User
5.    from .forms import LoginForm
6.    from .. import DATABASE,USERS_COLLECTION
7.
8.    @auth.route('/login', methods=['GET', 'POST'])
9.    def login():
10.       form = LoginForm()
11.       if request.method == 'POST' and form.validate_on_submit():
```

```
12.             user = USERS_COLLECTION.find_one({'email': form.username.data})
13.         if user and User.validate_login(user['password'], form.password.data):
14.             user_obj = User(user['_id'])
15.             login_user(user_obj)  # login_user(user_obj, remember=True)
16.             return redirect(request.args.get('next') or url_for('main.index'))
17.     #如果没有重定向则闪现提示,这里也可以用 else,作为提示
18.         flash('Invalid username or password.')
19.     return render_template('auth/login.html', form=form)
20.
21.
22. @auth.route('/logout')
23. @login_required
24. def logout():
25.     logout_user()
26.     flash('You have been logged out.')
27.     return redirect(url_for('main.index'))
```

这个视图函数创建了一个 LoginForm 对象,用法和第 4 章中的那个简单表单一样。当请求类型是 GET 时,视图函数直接渲染模板,即显示表单。当表单通过 POST 请求提交时,Flask - WTF 的 validate_on_submit()函数会验证表单数据,然后尝试登入用户。

为了登入用户,视图函数首先使用表单中填写的电子邮件地址从数据库中加载用户。如果电子邮件地址对应的用户存在,再调用用户对象的 verify_password()方法,其参数是表单中填写的密码。如果密码正确,调用 Flask-Login 的 login_user()函数,在用户会话中把用户标记为已登录。login_user()函数的参数是要登录的用户,以及可选的"记住我"布尔值,"记住我"也在表单中勾选。如果这个字段的值为 False,关闭浏览器后用户会话就过期了,所以下次用户访问时要重新登录。如果值为 True,即 login_user(user, remember=True),那么会在用户浏览器中写入一个长期有效的 cookie,使用这个 cookie 可以复现用户会话。cookie 默认记住一年,可以使用可选的 REMEMBER_COOKIE_DURATION 配置选项更改这个值。

按照第 4 章介绍的"Post /重定向/Get 模式",提交登录凭据的 POST 请求最后也做了重定向,不过目标 URL 有两种可能。用户访问未授权的 URL 时会显示登录表单,Flask-Login 会把原 URL 保存在查询字符串的 next 参数中,这个参数可从 request.args 字典中读取。如果查询字符串中没有 next 参数,则重定向到首页。next 参数中的 URL 会自动验证,确保是相对 URL,以防恶意用户利用这个参数,把不知情的用户重定向到其他网站。

如果用户输入的电子邮件地址或密码不正确,应用会设定一个闪现消息,并再次渲染表单,让用户再次尝试登录。

在生产服务器上,应用必须使用安全的 HTTP,保证始终以加密的方式传输登录凭据和用户会话。如果没有使用安全的 HTTPS,敏感数据在传输过程中可能会被攻

击者截获。

我们需要更新登录模板,渲染这个表单。修改后的模板如示例 8-10 所示。

示例 8-10 app/templates/auth/login.html:登录表单模板。

```
1.  {% extends'base.html' %}
2.  {% import 'bootstrap/wtf.html' as wtf %}
3.
4.  {% block title %}Flasky - Login{% endblock %}
5.
6.  {% blockpage_content %}
7.  <divclass='page-header'>
8.      <h1>Login</h1>
9.  </div>
10. <divclass='col-md-4'>
11.     {{ wtf.quick_form(form) }}
12. </div>
13. {% endblock %}
```

8.4.5 用户退出

退出路由的实现如示例 8-11 所示。

示例 8-11 app/auth/views.py:退出路由。

```
1.  from flask_login import logout_user, login_required
2.
3.  @auth.route('/logout')
4.  @login_required
5.  def logout():
6.      logout_user()
7.      flash('You have been logged out.')
8.      return redirect(url_for('main.index'))
```

为了退出用户,这个视图函数调用 Flask-Login 的 logout_user()函数,删除并重设用户会话。随后会显示一个闪现消息,确认这次操作,然后重定向到首页,这样就成功退出了。

8.4.6 理解 Flask-Login 的运作方式

Flask-Login 是个相当小的扩展,但是身份验证流程中有太多变动部分,因此 Flask 用户往往难以理解这个扩展的运作方式。用户登录过程涉及以下操作步骤。

第一,用户单击 Login 链接,访问 http://localhost:5000/auth/login。处理这个 URL 的函数返回登录表单模板。

第二,用户输入用户名和密码,然后单击提交按钮。再次调用相同的处理函数,不过这一次处理的是 POST 请求，而非 GET 请求。

① 处理函数验证通过表单提交的凭据，然后调用 Flask-Login 的 login_user() 函数，登录用户。

② login_user() 函数把用户的"_id"以字符串的形式写入用户会话；以及可选的"记住我"布尔值，如果这个字段的值为 False，关闭浏览器后用户会话就过期了。如果值为 True，那么会在用户浏览器中写入一个长期有效的 cookie，使用这个 cookie 可以复现用户会话。cookie 默认记住一年，可以使用可选的 REMEMBER_COOKIE_DURATION 配置选项更改这个值。

```
1.    import  datetime
2.    #配置项以 datetime.timedelta 对象或整数秒为单位
3.    class Config:
4.        # ...
5.        # 使用 set_cookie()
6.        REMEMBER_COOKIE_DURATION = datetime.timedelta(hours = 2)
7.        # 使用 session
8.        # PERMANENT_SESSION_LIFETIME  =  timedelta(seconds = 30)
```

③ 视图函数重定向到首页。

第三，浏览器收到重定向响应，请求首页。

登录成功后，就可以在视图函数或模板中使用 current_user 代理访问登录的用户对象。

① 调用首页的视图函数，渲染主页的 Jinja2 模板。

② 在渲染这个 Jinja2 模板的过程中，首次出现对 Flask-Login 的 current_user 的引用。

③ 这个请求还没有给上下文变量 current_user 赋值，因此调用 Flask-Login 内部的_get_user()函数，找出用户是谁。

④ _get_user()函数检查用户会话中有没有用户 id。如果没有，返回一个 Flask-Login 的 AnonymousUser 实例。如果有 id，调用应用中使用 user_loader 装饰器注册的函数，传入用户 id。

⑤ 应用中的 user_loader 处理函数从数据库中读取用户，将其返回。Flask-Login 把返回的用户对象赋值给当前请求的 current_user 上下文变量。

⑥ 模板收到新赋值的 current_user，可以获取用户 id。

使用 login_required 装饰器装饰的视图函数将使用 current_user 上下文变量判断 current_user.is_authenticated 表达式的结果是否为 True。logout_user()函数就简单了，它直接从用户会话中把用户 id 删除。

8.4.7 登录测试

为验证登录功能可用，可以更新首页，使用已登录用户的名字显示一个欢迎消息。

模板中生成欢迎消息的部分如示例 8-12 所示。

示例 8-12 app/templates/index.html:为已登录的用户显示一个欢迎消息。

```
1.   Hello,
2.   {% ifcurrent_user.is_authenticated %}
3.       {{ current_user.id }}
4.   {% else %}
5.       Stranger
6.   {% endif %}!
```

这个模板再次使用 current_user.is_authenticated 判断用户是否已经登录。

因为还未实现用户注册功能,所以目前只能在 shell 中注册新用户:

```
(venv) $ flask shell
>>>User.update_one({'role': 'admin'}, {'$set': {'email': 'test@flasky.com'}})
>>>User.find_one({'role': 'admin'})
{'_id': ObjectId('6233369033ac48c957cdfbd2'), 'name': 'admin', 'password': 'pbkdf2:sha256:150000 $3JZnlcDd $e2d643a5cbdee4507cdf7918d8578aae5e0acf814a1eff9559ca2a58795fd637', 'role': 'admin', 'email': 'test@flasky.com'}
```

刚刚创建的用户现在可以登录了。用户登录后显示的首页如图 8-2 所示。

Flasky Home Log Out

Hello, 62514021fb93e0582f1869b3!

图 8-2 成功登录后的首页

8.5 注册新用户

如果新用户想成为应用的成员,必须在应用中注册,这样应用才能识别并登录用户。应用的登录页面中要显示一个链接,把用户带到注册页面,让用户输入电子邮件地址、用户名和密码。

8.5.1 添加用户注册表单

注册页面中的表单要求用户输入电子邮件地址、用户名和密码。这个表单如示例 8-13 所示。

示例 8-13 app/auth/forms.py:用户注册表单。

```
1.   from flask_wtf import FlaskForm
2.   from wtforms import StringField, PasswordField, BooleanField, SubmitField
3.   from wtforms.validators import DataRequired, Length, Email, Regexp, EqualTo
```

```
4.   from wtforms import ValidationError
5.   from .. import DATABASE,USERS_COLLECTION
6.
7.   class RegistrationForm(FlaskForm):
8.       email = StringField('Email', validators=[DataRequired(), Length(1, 64),
9.                                               Email()])
10.      username = StringField('Username', validators=[
11.          DataRequired(), Length(1, 64),
12.          Regexp('^[A-Za-z][A-Za-z0-9_.]*$', 0,
13.              'Usernames must have only letters, numbers, dots or '
14.              'underscores')])
15.      password = PasswordField('Password', validators=[
16.          DataRequired(), EqualTo('password2', message='Passwords must match.')])
17.      password2 = PasswordField('Confirm password', validators=[DataRequired()])
18.      submit = SubmitField('Register')
19.
20.      def validate_email(self, field):
21.          if USERS_COLLECTION.find_one({'email': field.data}) :
22.              raise ValidationError('Email already registered.')
23.
24.      def validate_username(self, field):
25.          if USERS_COLLECTION.find_one({'username': field.data}):
26.              raise ValidationError('Username already in use.')
```

这个表单使用 WTForms 提供的 Regexp 验证函数，确保 username 字段的值以字母开头，而且只包含字母、数字、下划线和点号。这个验证函数中正则表达式后面的两个参数分别是正则表达式的标志和验证失败时显示的错误消息。

为了安全起见，密码要输入两次。此时要验证两个密码字段中的值是否一致，这种验证可使用 WTForms 提供的另一验证函数实现，即 EqualTo。这个验证函数要附属到两个密码字段中的一个上面，另一个字段则作为参数传入。

这个表单还有两个自定义的验证函数，以方法的形式实现。如果表单类中定义了以 validate_开头且后面跟着字段名的方法，这个方法就和常规的验证函数一起调用。本例分别为 email 和 username 字段定义了验证函数，确保填写的值在数据库中没出现过。自定义的验证函数要想表示验证失败，可以抛出 ValidationError 异常，其参数就是错误消息。

显示这个表单的模板是/templates/auth/register.html。与登录模板一样，这个模板也使用 wtf.quick_form()渲染表单。注册页面如图 8-3 所示。

登录页面要显示一个指向注册页面的链接，让没有账户的用户能轻松找到注册页面。改动如示例 8-14 所示。

示例 8-14 app/templates/auth/login.html:链接到注册页面。

```
1.  <p>
2.      New user?
3.      <ahref = '{{ url_for('auth.register') }}'>
4.          Click here to register
5.      </a>
6.  </p>
```

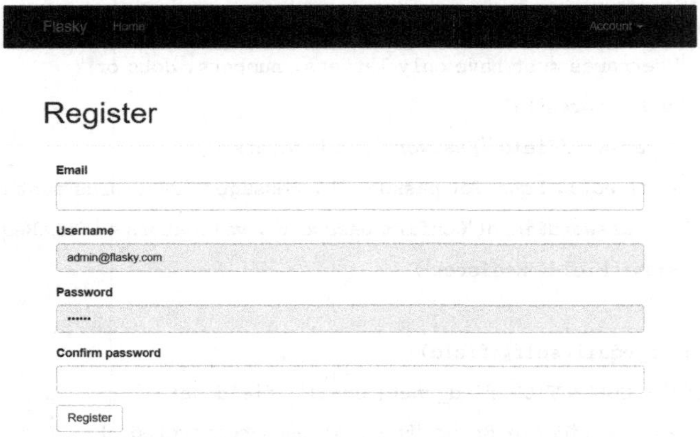

图 8-3 新用户注册表单

8.5.2 处理用户注册

处理用户注册的过程没有什么难以理解的地方。提交注册表单,通过验证后,系统使用用户填写的信息在数据库中添加一个新用户。处理这个任务的视图函数如示例 8-15 所示。

示例 8-15 app/auth/views.py:用户注册路由。

```
1.  @auth.route('/register', methods = ['GET', 'POST'])
2.  def register():
3.      form = RegistrationForm()
4.      if form.validate_on_submit():
5.          USERS_COLLECTION.insert_one({'email':form.email.data,
6.              'username':form.username.data,
7.              'password':form.password.data})
8.          flash('You can now login.')
9.          return redirect(url_for('auth.login'))
10.     return render_template('auth/register.html', form = form)
```

8.6 确认账户

对于某些特定类型的应用,有必要确认注册时用户提供的信息是否正确。常见要求是能通过提供的电子邮件地址与用户取得联系。

为了确认电子邮件地址,用户注册后,应用会立即发送一封确认邮件。新账户先被标记成待确认状态,用户按照邮件中的说明操作后,才能证明自己可以收到电子邮件。账户确认过程中,往往会要求用户单击一个包含确认令牌的特殊 URL 链接。

8.6.1 使用 itsdangerous 生成确认令牌

确认邮件中最简单的确认链接是 http://www.example.com/auth/confirm/<id>这种形式的 URL,其中<id>是数据库分配给用户的数字 id。用户点击链接后,处理这个路由的视图函数将确认收到的用户 id,然后将用户状态更新为已确认。

但这种实现方式显然不是很安全,只要用户能判断确认链接的格式,就可以随便指定 URL 中的数字,从而确认任意账户。解决方法是把 URL 中的<id>换成包含相同信息的令牌,但是只有服务器才能生成有效的确认 URL。

回忆一下我们在第 4 章对用户会话的讨论,Flask 使用加密的签名 cookie 保护用户会话,以防止被篡改。用户会话 cookie 中有一个由 itsdangerous 包生成的加密签名。如果用户会话的内容被篡改,签名将不再与内容匹配,这样会使 Flask 销毁会话,然后重建一个。同样的方法也可用在确认令牌上。

下面这个简短的 shell 会话展示如何使用 itsdangerous 包生成包含用户 id 的签名令牌:

```
(venv) $ flask shell
>>>fromitsdangerous import TimedJSONWebSignatureSerializer as Serializer
>>>s = Serializer(app.config['SECRET_KEY'], expires_in = 3600)
>>>token = s.dumps({ 'confirm': 23 })
>>>token
'eyJhbGciOiJIUzI1NiIsImV4cCI6MTM4MTcxODU1OCwiaWF0IjoxMzgxNzE0OTU4fQ.ey ...'
>>>data = s.loads(token)
>>>data
{'confirm': 23}
```

itsdangerous 提供了多种生成令牌的方法。其中,TimedJSONWebSignatureSerializer 类生成具有过期时间的 JSON Web 签名(JWS)。这个类的构造函数接收的参数是一个密钥,在 Flask 应用中可使用 SECRET_KEY 设置。

dumps()方法为指定的数据生成一个加密签名,然后再对数据和签名进行序列化,生成令牌字符串。expires_in 参数设置令牌的过期时间,单位为秒。

为了解码令牌,序列化对象提供了 loads()方法,其唯一的参数是令牌字符串。这个方法会检验签名和过期时间,如果都有效,则返回原始数据。如果提供给 loads()方法的令牌无效或者过期了,则抛出异常。

我们可以把这种生成和检验令牌的功能添加到 User 模型中,改动如示例 8-16所示。

示例 8-16 app/models.py:确认用户账户。

```
1.  from itsdangerous import TimedJSONWebSignatureSerializer as Serializer
2.  from flask import current_app
3.  from . import db
4.
5.  class User():
6.      # ...
7.      def generate_confirmation_token(self, expiration=3600):
8.          s = Serializer(current_app.config['SECRET_KEY'], expiration)
9.          return s.dumps({'confirm': self.id}).decode('utf-8')
10.
11.     def confirm(self, token):
12.         s = Serializer(current_app.config['SECRET_KEY'])
13.         try:
14.             data = s.loads(token.encode('utf-8'))
15.         except:
16.             return False
17.         if data.get('confirm') != self.id:
18.             return False
19.         return True
```

generate_confirmation_token()方法生成一个令牌,有效期默认为一小时。confirm()方法检验令牌,如果检验通过,就把用户模型中新添加的 confirmed 属性设为 True。

除了检验令牌,confirm()方法还检查令牌中的 id 是否与存储在 current_user 中的已登录用户匹配。这样能确保为一个用户生成的确认令牌无法用于确认其他用户。

由于模型中新加入了一列用来保存账户的确认状态,因此要生成并运行一个新数据库迁移。

8.6.2 发送确认邮件

当前的/register 路由把新用户添加到数据库中之后,会重定向到/index。在重定向之前,这个路由现在需要发送确认邮件。改动如示例 8-17 所示。

示例 8-17 app/auth/views.py:能发送确认邮件的注册路由。

```
1.  from ..email import send_email
2.
```

```
3.   @auth.route('/register', methods=['GET','POST'])
4.   def register():
5.       form = RegistrationForm()
6.       if form.validate_on_submit():
7.           # ...
8.           token = User.generate_confirmation_token()
9.           user = USERS_COLLECTION.find_one({'email': form.email.data})
10.          send_email(user.email, 'Confirm Your Account',
11.                     'auth/email/confirm', user=user, token=token)
12.          flash('A confirmation email has been sent to you by email.')
13.          return redirect(url_for('auth.login'))
14.      return render_template('auth/register.html', form=form)
```

注意，在发送确认邮件之前要调用 db.session.commit()。之所以这么做，是因为提交之后才能赋予新用户 id 值，而确认令牌需要用到 id。

身份验证蓝本使用的电子邮件模板保存在 templates/auth/email 目录中，以便与 HTML 模板区分开来。第 6 章说过，一个电子邮件需要两个模板，分别用于渲染纯文本正文和 HTML 文。举个例子，示例 8-18 是确认邮件模板的纯文本版本，对应的 HTML 版本可到代码文件夹中查看。

示例 8-18　app/templates/auth/email/confirm.txt：确认邮件的纯文本正文。

```
1.  Dear{{ user.username }},
2.
3.  Welcome toFlasky!
4.
5.  To confirm your account please click on the following link:
6.
7.  {{ url_for('auth.confirm', tokentoken=token, _external=True) }}
8.
9.  Sincerely,
10.
11. TheFlasky Team
12.
13. Note: replies to this email address are not monitored.
```

默认情况下，url_for()生成相对 URL，例如 url_for('auth.confirm', token='abc')返回的字符串是'/auth/confirm/abc'(见示例 8-18)。这显然不能够在电子邮件中发送的正确 URL，因为只有 URL 的路径部分。相对 URL 在网页的上下文中可以正常使用，因为浏览器会添加当前页面的主机名和端口号，将其转换成绝对 URL。但是通过电子邮件发送的 URL 并没有这种上下文。添加到 url_for()函数中的_external=True 参数要求应用生成完全限定的 URL，包括协议(http://或 https://)、主机名和端口。

确认账户的视图函数如示例 8-19 所示。

示例 8-19 app/auth/views.py:确认用户的账户。

```
1.  fromflask_login import current_user
2.
3.  @auth.route('/confirm/<token>')
4.  @login_required
5.  def confirm(token):
6.      ifcurrent_user.confirmed:
7.          return redirect(url_for('main.index'))
8.      ifcurrent_user.confirm(token):
9.          flash('You have confirmed your account. Thanks! ')
10.     else:
11.         flash('The confirmation link is invalid or has expired.')
12.     return redirect(url_for('main.index'))
```

Flask-Login 提供的 login_required 装饰器会保护这个路由,因此,用户单击确认邮件中的链接后,要先登录,然后才能执行这个视图函数。

这个函数先检查已登录的用户是否已经确认过,如果确认过,则重定向到首页,因为很显然此时不用做什么操作。这样处理可以避免用户不小心多次点击确认令牌带来的额外工作。

由于令牌确认完全在 User 模型中完成,所以视图函数只需调用 confirm()方法即可,然后再根据确认结果显示不同的闪现消息。确认成功后,User 模型中 confirmed 属性的值会被修改并添加到会话中,然后提交数据库会话。

各个应用可以自行决定用户确认账户之前可以做哪些操作。比如,允许未确认的用户登录,但只显示一个页面,要求用户在获取进一步访问权限之前先确认账户。

这一步可使用 Flask 提供的 before_request 钩子完成,我们在第 2 章就已经简单介绍过钩子的相关内容。对蓝本来说,before_request 钩子只能应用到属于蓝本的请求上。若想在蓝本中使用针对应用全局请求的钩子,必须使用 before_app_request 装饰器。示例 8-20 展示如何实现这个处理程序。

示例 8-20 app/auth/views.py:使用 before_app_request 处理程序过滤未确认的账户。

```
1.  @auth.before_app_request
2.  def before_request():
3.      if current_user.is_authenticated \
4.              and not current_user.confirmed \
5.              and request.blueprint ! = 'auth' \
6.              and request.endpoint ! = 'static':
7.          return redirect(url_for('auth.unconfirmed'))
8.
9.  @auth.route('/unconfirmed')
```

```
10. def unconfirmed():
11.     if current_user.is_anonymous or current_user.confirmed:
12.         return redirect(url_for('main.index'))
13.     return render_template('auth/unconfirmed.html')
```

同时(and)满足以下 3 个条件,before_app_request 处理程序会拦截请求。

① 用户已登录(current_user.is_authenticated 的值为 True)。

② 用户的账户还未确认。

③ 请求的 URL 不在身份验证蓝本中,而且也不是对静态文件的请求。要赋予用户访问身份验证路由的权限,因为这些路由的作用是让用户确认账户或执行其他账户管理操作。

如果请求满足以上条件,会被重定向到/auth/unconfirmed 路由,显示一个确认账户相关信息的页面。

如果 before_request 或 before_app_request 的回调返回响应或重定向,Flask 会直接将其发送至客户端,而不会调用相应的视图函数。因此,这些回调可在必要时拦截请求。

呈现给未确认用户的页面只渲染一个模板,其中有如何确认账户的说明,此外还有一个链接,用于请求发送新的确认邮件,以防之前的邮件丢失。重新发送确认邮件的路由如示例 8-21 所示。

示例 8-21 app/auth/views.py:重新发送账户确认邮件。

```
1. @auth.route('/confirm')
2. @login_required
3. def resend_confirmation():
4.     token = current_user.generate_confirmation_token()
5.     send_email(current_user.email, 'Confirm Your Account',
6.                'auth/email/confirm', user = current_user, token = token)
7.     flash('A new confirmation email has been sent to you by email.')
8.     return redirect(url_for('main.index'))
```

这个路由为 current_user(即已登录的用户,也是目标用户)重做了一遍注册路由中的操作。这个路由也用 login_required 保护,确保只有通过身份验证的用户才能再次请求发送确认邮件。

8.7 管理账户

拥有应用账户的用户有时可能需要修改账户信息。下面这些功能可使用本章介绍的技术添加到身份验证蓝本中。

(1) 修改密码

安全意识强的用户可能想定期修改密码。这是一个很容易实现的功能,只要用户处于登录状态,就可以放心显示一个表单,要求用户输入旧密码和替换的新密码。这个功能的实现如示例 8-22 所示。

示例 8-22 app/auth/views.py:修改密码。

```
1.  @auth.route('/change-password', methods=['GET', 'POST'])
2.  @login_required
3.  def change_password():
4.      form = ChangePasswordForm()
5.      _id = ObjectId(current_user.get_id())
6.      password_hash = USERS_COLLECTION.find_one({'_id': _id}).get('password')
7.      if form.validate_on_submit():
8.          if current_user.validate_login(password_hash, form.old_password.data):
9.              USERS_COLLECTION.update_one({'_id': _id},
10.                                         {'$set': {'password': generate_password_hash
                                            (form.password.data)}})
11.             flash('Your password has been updated.')
12.             return redirect(url_for('main.index'))
13.         else:
14.             flash('Invalid password.')
15.         return render_template("auth/change_password.html", form=form)
```

此次修改还把导航栏中的 Log Out 链接改成了下拉菜单,里面有 Change Password 和 Log Out 两个链接。

```
1.  {% extends "base.html" %}
2.  {% import "bootstrap/wtf.html" as wtf %}
3.
4.  {% block title %}Flasky - Change Password{% endblock %}
5.
6.  {% blockpage_content %}
7.  <div class="page-header">
8.      <h1>Change Your Password</h1>
9.  </div>
10. <div class="col-md-4">
11.     {{ wtf.quick_form(form) }}
12. </div>
13. {% endblock %}
```

(2) 重设密码

为避免用户忘记密码后无法登录,应用可以提供重设密码功能。为了安全起见,有必要使用令牌,类似于确认账户时用到的。用户请求重设密码后,应用向用户注册时提供的电子邮件地址发送一封包含重设 token 令牌的邮件。用户点击邮件中的链接,令牌通过验证后,显示一个用于输入新密码的表单。这个功能的实现如示例 8-23 所示。

示例 8-23 app/auth/views.py:重设密码。

```
1.  @auth.route('/reset', methods=['GET', 'POST'])
2.  def password_reset_request():
3.      if not current_user.is_anonymous:
4.          return redirect(url_for('main.index'))
5.      form = PasswordResetRequestForm()
6.      if form.validate_on_submit():
7.          user = USERS_COLLECTION.find_one({"email": form.email.data})
8.          if user:
9.              token = user.generate_reset_token()
10.             send_email(user.email, 'Reset Your Password',
11.                        'auth/email/reset_password',
12.                        user=user, token=token,
13.                        next=request.args.get('next'))
14.         flash('An email with instructions to reset your password has been '
15.               'sent to you.')
16.         return redirect(url_for('auth.login'))
17.     return render_template('auth/reset_password.html', form=form)
18.
19.
20. @auth.route('/reset/<token>', methods=['GET', 'POST'])
21. def password_reset(token):
22.     if not current_user.is_anonymous:
23.         return redirect(url_for('main.index'))
24.     form = PasswordResetForm()
25.     if form.validate_on_submit():
26.         user = USERS_COLLECTION.find_one({"email": form.email.data})
27.         if user is None:
28.             return redirect(url_for('main.index'))
29.         if user.reset_password(token, form.password.data):
30.             flash('Your password has been updated.')
31.             return redirect(url_for('auth.login'))
32.         else:
33.             return redirect(url_for('main.index'))
34.     return render_template('auth/reset_password.html', form=form)
```

(3) 修改电子邮件地址

应用可以提供修改注册电子邮件地址的功能,不过接受新地址之前,必须使用确认邮件进行验证。使用这个功能时,用户在表单中输入新的电子邮件地址。为了验证新地址,应用发送一封包含令牌的邮件。服务器收到令牌后,再更新用户对象。服务器收到令牌之前,可以把新电子邮件地址保存在一个新数据库字段中作为待定地址,或者将其与 id 一起保存在 token 令牌中。这个功能的实现参见示例 8-24。

示例 8-24 app/auth/views.py:修改电子邮件。

```
1.  @auth.route('/change-email', methods=['GET', 'POST'])
2.  @login_required
3.  def change_email_request():
4.      form = ChangeEmailForm()
5.      if form.validate_on_submit():
6.          if current_user.verify_password(form.password.data):
7.              new_email = form.email.data
8.              token = current_user.generate_email_change_token(new_email)
9.              user = USERS_COLLECTION.find_one({'_id': ObjectId(current_user.get_id
())})
10.             send_email(new_email, 'Confirm your email address',
11.                        'auth/email/change_email',
12.                        user=user, token=token)
13.             flash('An email with instructions to confirm your new email '
14.                   'address has been sent to you.')
15.             return redirect(url_for('main.index'))
16.         else:
17.             flash('Invalid email or password.')
18.     return render_template("auth/change_email.html", form=form)
19.
20.
21. @auth.route('/change-email/<token>')
22. @login_required
23. def change_email(token):
24.     if current_user.change_email(token):
25.         flash('Your email address has been updated.')
26.     else:
27.         flash('Invalid request.')
28.     return redirect(url_for('main.index'))
```

事实上随着互联网从 Web 2.0 向 Web 3.0 发展,用户个人隐私得到更进一步保护,当前大部分网站注册都不需要用到邮箱,可以通过头部网站提供的 API 接口通过回调验证,比如通过微信扫码登录网站。

```
1.  import requests
2.  from flask import Flask, redirect, request, session, render_template
3.
4.  app = Flask(__name__)
5.  app.secret_key = 'your_secret_key'
6.
7.  # 微信公众平台配置信息
8.  APPID = 'your_appid'
```

```
9.  APPSECRET = 'your_appsecret'
10.
11. # 授权作用域
12. SCOPE = 'snsapi_login'
13.
14. # 回调页面 URL
15. REDIRECT_URI = 'http://yourdomain.com/callback'
16.
17. # 获取 code 的 URL
18. CODE_URL = f'https://open.weixin.qq.com/connect/qrconnect?appid={APPID}&redirect_
        uri={REDIRECT_URI}&response_type=code&scope={SCOPE}&state=STATE#we-
        chat_redirect'
19.
20. # 获取 access_token 和 openid 的 URL
21. ACCESS_TOKEN_URL = 'https://api.weixin.qq.com/sns/oauth2/access_token'
22.
23. # 获取用户信息的 URL
24. USER_INFO_URL = 'https://api.weixin.qq.com/sns/userinfo'
25.
26. @app.route('/')
27. def index():
28.     return render_template('index.html')
29.
30. @app.route('/login')
31. def login():
32.     return redirect(CODE_URL)
33.
34. @app.route('/callback')
35. def callback():
36.     code = request.args.get('code')
37.     access_token_url = f'{ACCESS_TOKEN_URL}?appid={APPID}&secret={APPSECRET}&code
            ={code}&grant_type=authorization_code'
38.     response = requests.get(access_token_url)
39.     data = response.json()
40.     access_token = data.get('access_token')
41.     openid = data.get('openid')
42.     user_info_url = f'{USER_INFO_URL}?access_token={access_token}&openid={openid}
        &lang=zh_CN'
43.     response = requests.get(user_info_url)
44.     data = response.json()
45.     session['userinfo'] = data
46.     return redirect('/profile')
47.
```

```
48.  @app.route('/profile')
49.  def profile():
50.      userinfo = session.get('userinfo')
51.      if userinfo:
52.  #如果这个路由为 Login,在使用 Openid 代替用户 id 登录
53.          return render_template('profile.html', userinfo = userinfo)
54.      else:
55.          return redirect('/login')
56.
57.  if __name__ == '__main__':
58.      app.run()
```

如果在 Web 3.0 下使用 metamask 插件,用户就是一个去中心化的钱包地址,而这个地址本身就是一个加密的 token。在后续章节中我们会进一步介绍这些概念。

8.8 用户角色

Web 应用中的用户并非都具有同等地位。在多数应用中,一小部分可信用户具有额外权限,用于保障应用平稳运行。管理员就是最好的例子,但有时也需要介于管理员和普通用户之间的角色,例如内容协管员。为此,要为所有用户分配一个角色。

在应用中实现角色有多种方法。具体采用何种实现方法取决于所需角色的数量和细分程度。例如,简单的应用可能只需要两个角色,一个表示普通用户,一个表示管理员。对于这种情况,在 User 模型中添加一个 is_administrator 布尔值字段可能就够了。复杂的应用可能需要在普通用户和管理员之间再细分出多个不同等级的角色。有些应用甚至不能使用分立的角色,赋予用户一系列独立的权限或许更合适。

在 MongoDB 中直接在用户文档定义用户角色(role),可以在 mode.py 中的 USER 类获取用户角色 get_role(),详见第 9 章。

第 9 章将介绍用户角色及资料等数据的管理。

第9章　用户资料

本章将为博客实现用户资料页面。所有社交网站都会给用户提供资料页面，简要显示用户在网站中的活动情况。用户可以把资料页面的URL分享给别人，告诉别人自己在这个网站上，因此这个页面的URL要简短易记。

9.1　资料信息

为了让用户的资料页面更吸引人，可以在数据库中存储用户的一些额外信息。新添加的字段保存用户的真实姓名、所在地、自我介绍、注册日期和最后访问日期。

last_seen字段的默认值是创建的时间，但用户每次访问网站后，这个值都要刷新。

为了确保每个用户的最后访问时间都是最新的，每次收到用户的请求时都要调用ping()方法。因为auth蓝本中的before_app_request处理程序会在每次请求前运行，所以能很轻松地实现这个需求，如示例9－1所示。

示例9－1　app/auth/views.py：更新已登录用户的最后访问时间。

```
1.  @auth.before_app_request
2.  def before_request():
3.      if current_user.is_authenticated:
4.          current_user.ping() # 更新最后请求的时间
5.          if not current_user.confirmed \
6.              and request.endpoint \
7.              and request.blueprint != 'auth' \
8.              and request.endpoint != 'static':
9.          return redirect(url_for('auth.unconfirmed'))
```

9.2　用户资料页面

为每个用户创建资料页面并没有什么难度。示例9－2所示为路由定义。

示例9－2　app/main/views.py：资料页面的路由。

```
1.  from flask import render_template, redirect, url_for, abort, flash
2.  @main.route('/user/<username>')
```

```
3.    def user(username):
4.        user = USERS_COLLECTION.find_one({'name': username})
5.    If user:
6.            return render_template('user.html', user = user)
7.    else:
8.    abort(404)
```

这个路由添加到 main 蓝本中。对于名为 john 的用户，其资料页面的地址是 http://localhost:5000/user/john。这个视图函数会在数据库中搜索 URL 中指定的用户名，如果找到，则渲染模板 user.html，并把用户名作为参数传入模板。如果传入路由的用户名不存在，则返回 404 错误。user.html 模板用于呈现用户信息，因此要把用户对象作为参数传入其中。这个模板的初始版本如示例 9－3 所示。

示例 9－3　app/templates/user.html：用户资料页面的模板。

```
1.    {% extends'base.html' %}
2.    {% block title %}Flasky - {{ user.name }}{% endblock %}
3.    {% blockpage_content %}
4.    <divclass = 'page - header'>
5.        <h1>{{ user.name }}</h1>
6.        {% if user.name %}
7.        <p>
8.            {% if user.name %}{{ user.name }}{% endif %}
9.        </p>
10.       {% endif %}
11.       {% if user.role == 'admin' %}
12.       <p><a href = 'mailto:{{ user.email }}'>{{ user.email }}</a></p>
13.       {% endif %}
14.       {% if user.about_me %}<p>{{ user.about_me }}</p>{% endif %}
15.       <p>Member since{{ moment(user.last_seen).format('L') }}. Last seen {{ moment(user.
          last_seen).fromNow() }}.</p>
16.   </div>
17.   {% endblock %}
```

在这个模板中，有几处实现细节需要说明：

① 如果登录的用户是管理员，则显示各用户的电子邮件地址，且渲染成 mailto 链接。这样便于管理员查看用户资料页面并联系该用户。

② 两个时间戳使用 Flask-Moment 渲染(参见第 3 章)。

多数用户都希望能轻松地找到自己的资料页面，因此可以在导航栏中添加一个链接。对 base.html 模板所做的修改如示例 9－4 所示。

示例 9－4　app/templates/base.html：在导航栏中添加指向资料页面的链接。

```
1.    <ulclass = 'nav navbar - nav'>
```

```
2.        <li><ahref='{{ url_for('main.index') }}'>Home</a></li>
3.        {% if current_user.is_authenticated %}
4.        <li><a href='{{ url_for('main.user', username=current_user.get_name()) }}'>Pro-
file</a></li>
5.        {% endif %}
6.    </ul>
```

把资料页面的链接包含在条件语句中是非常必要的，因为未通过身份验证的用户也能看到导航栏，但我们不应该让他们看到资料页面的链接。图 9－1 展示了资料页面在浏览器中的样子。图中还显示了刚在导航栏里添加的资料页面链接。

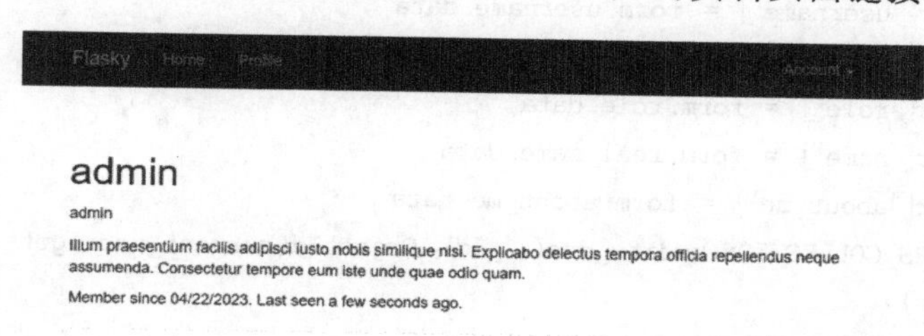

图 9－1　用户资料页面

9.3　资料编辑器

用户资料的编辑分为两种情况。最显而易见的情况是，用户要进入一个页面，输入自己的资料，以便显示在自己的资料页面上。还有一种不太明显但也同样重要的情况是，要让管理员能够编辑任意用户的资料：不仅能编辑用户的个人信息，还能编辑用户不能直接访问的 User 模型字段，例如用户角色。这两种编辑需求有本质的区别，所以我们创建两个不同的表单。

9.3.1　用户级资料编辑器

普通用户的资料编辑表单如示例 9－5 所示。

示例 9－5　app/main/forms.py：资料编辑表单。

```
1.  class EditProfileForm(FlaskForm):
2.      name = StringField('Real name', validators=[Length(0, 64)])
3.      location = StringField('Location', validators=[Length(0, 64)])
4.      about_me = TextAreaField('About me')
5.      submit = SubmitField('Submit')
```

注意，这个表单中的所有字段都是可选的，因此长度验证函数的最小值为零。显示这个表单的路由定义如示例 9－6 所示。

示例 9-6 app/main/views.py:资料编辑路由。

```
1.  @main.route('/edit-profile/<id>', methods=['GET', 'POST'])
2.  @login_required
3.  def edit_profile_admin(id):
4.      user = USERS_COLLECTION.find_one({'_id': ObjectId(current_user.get_id())}, {'_id': 0})
5.      form = EditProfileAdminForm(user=user)
6.      if form.validate_on_submit():
7.          user['email'] = form.email.data
8.          user['username'] = form.username.data
9.          user['confirmed'] = form.confirmed.data
10.         user['role'] = form.role.data
11.         user['name'] = form.real_name.data
12.         user['about_me'] = form.about_me.data
13.         USERS_COLLECTION.update_one({'_id': ObjectId(current_user.get_id())},{'$set': user})
14.         flash('The profile has been updated.')
15.         return redirect(url_for('.user', username=current_user.get_name()))
16.         return render_template('edit_profile.html', form=form, user=user)
```

与之前的表单一样,各表单字段中的数据使用 form.<field-name>.data 获取。通过这个表达式不仅能获取用户提交的值,还能在字段中显示初始值,供用户编辑。当 form.validate_on_submit()返回 False 时,表单中的 3 个字段都使用 current_user 中保存的初始值。提交表单后,表单字段的 data 属性中保存有更新后的值,因此可以将其赋值给用户对象中的各字段,然后再把用户对象存入数据库。编辑资料页面如图 9-2 所示。

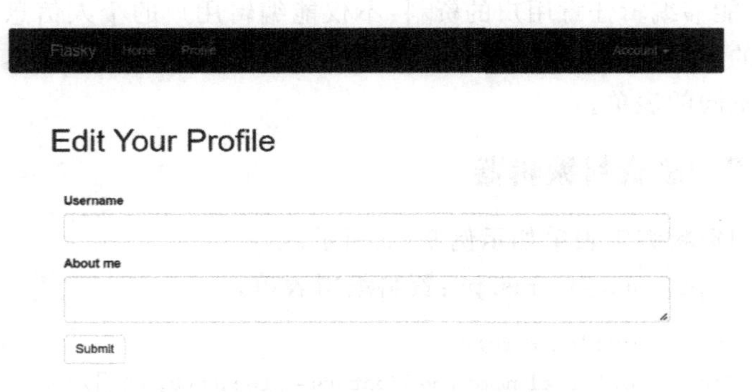

图 9-2 资料编辑页面

为了让用户能轻松地找到编辑页面,我们可以在资料页面中添加一个链接,如示例 9-7 所示。

示例 9-7 app/templates/user.html:资料编辑页面的链接。

```
1. {% if user._id | string == current_user.get_id() %}
2. <aclass='btn btn-default' href='{{ url_for('main.edit_profile') }}'>Edit Profile</a>
3. {% endif %}
```

链接外层的条件语句能确保只有当用户查看自己的资料页面时才显示这个链接。

9.3.2 管理员级资料编辑器

管理员使用的资料编辑表单比普通用户的表单更加复杂。除了前面的3个资料信息字段之外，管理员在表单中还要能编辑用户的电子邮件、用户名、确认状态和角色。这个表单如示例9-8所示。

示例9-8 app/main/forms.py：管理员使用的资料编辑表单。

```
1. class EditProfileAdminForm(FlaskForm):
2.     email = StringField('Email', validators=[DataRequired(), Length(1, 64),
3.                                             Email()])
4.     username = StringField('Username', validators=[
5.         DataRequired(), Length(1, 64), Regexp('^[A-Za-z][A-Za-z0-9_.]*$', 0,
6.                                             'Usernames must have only letters, '
7.                                             'numbers, dots or underscores')])
8.     confirmed = BooleanField('Confirmed')
9.     role = SelectField('Role', coerce=int)
10.    real_name = StringField('Real name', validators=[Length(0, 64)])
11.    about_me = TextAreaField('About me')
12.    submit = SubmitField('Submit')
13.
14.    def __init__(self, user, *args, **kwargs):
15.        super(EditProfileAdminForm, self).__init__(*args, **kwargs)
16.          self.role.choices = [(0, 'user'), (1, 'moderator'), (2, 'admin')] # 'user'
         'moderator' 'admin'
17.        self.user = user
18.
19.    def validate_email(self, field):
20.        if field.data != self.user.get('email') and \
21.                USERS_COLLECTION.find_one({'email': field.data}):
22.            raise ValidationError('Email already registered.')
23.
24.    def validate_username(self, field):
25.        if field.data != self.user.get('name') and \
26.                USERS_COLLECTION.find_one({'name': field.data}):
27.            raise ValidationError('Username already in use.')
```

SelectField是WTForms对HTML表单控件<select>的包装，功能是实现下拉列表，这个表单中用于选择用户角色。SelectField实例必须在其choices属性中设置各选项。选项必须是一个由元组构成的列表,各元组都包含两个元素:选项的标识符,以及显示在控件中的文本字符串。choices 列表在表单的构造函数中设定,其值从 Role 模型中获取,使用一个查询按照角色名的字母顺序排列所有角色。元组中的标识符是角色的 id,因为这是个整数,所以在 SelectField 构造函数中加上了 coerce=int 参数,把字段的值转换为整数,而不使用默认的字符串。

email 和 username 字段的构造方式与身份验证表单中的一样,但处理验证时需要更加小心。验证这两个字段时,首先要检查字段的值是否发生了变化:仅当有变化时,才要保证新值不与其他用户的相应字段值重复;如果字段值没有变化,那么应该跳过验证。为了实现这个逻辑,表单构造函数接收用户对象作为参数,并将其保存在成员变量中,供后面自定义的验证方法使用。

管理员的资料编辑器路由定义如示例 9-9 所示。

示例 9-9 app/main/views.py:管理员的资料编辑路由。

```
1.  from ..decorators import admin_required
2.
3.  @main.route('/edit-profile/<id>', methods=['GET', 'POST'])
4.  @login_required
5.  def edit_profile_admin(id):
6.      user = USERS_COLLECTION.find_one({'_id': ObjectId(current_user.get_id())}, {'_id':
        0})
7.      form = EditProfileAdminForm(user=user)
8.      if form.validate_on_submit():
9.          user['email'] = form.email.data
10.         user['username'] = form.username.data
11.         user['confirmed'] = form.confirmed.data
12.         user['role'] = form.role.data
13.         user['name'] = form.real_name.data
14.         user['about_me'] = form.about_me.data
15.         USERS_COLLECTION.update_one({'_id': ObjectId(current_user.get_id())},{'$set':
            user})
16.         flash('The profile has been updated.')
17.         return redirect(url_for('.user', username=current_user.get_name()))
18.         return render_template('edit_profile.html', form=form, user=user)
```

为链接到这个页面,我们还需在用户资料页面中添加一个按钮,如示例 9-10 所示。

示例 9-10 app/templates/user.html:管理员使用的资料编辑页面链接。

```
1.  {% if user.role == 'admin' %}
2.  <aclass='btn btn-danger' href='{{ url_for('main.edit_profile_admin', id=user._id) }}
    '>Edit Profile [Admin]</a>
3.  {% endif %}
```

为了醒目，这个按钮使用了不同的Bootstrap样式进行渲染。外层的条件语句确保只有当前登录的用户为管理员角色时才显示按钮。

9.4 用户头像

为了进一步改进资料页面的外观，可以在页面中显示用户的头像。在本节，你将学到如何添加Gravatar提供的用户头像。Gravatar是一个行业领先的头像服务，能把头像和电子邮件地址关联起来。用户要先到 https://en.gravatar.com/中注册账户，然后上传图像。这个服务通过一个特殊的URL对外开放用户的头像，并且这个URL中包含了用户电子邮件地址的MD5散列值。其计算方法如下：

```
(venv) $ python
>>> importhashlib
>>> hashlib.md5('john@example.com'.encode('utf-8')).hexdigest()
'd4c74594d841139328695756648b6bd6'
```

生成的头像URL是在 https://secure.gravatar.com/avatar/之后加上这个MD5散列值。例如，你在浏览器的地址栏中输入 https://secure.gravatar.com/avatar/d4c74594d841139328695756648b6bd6 后，将会看到电子邮件地址john@example.com对应的头像。如果这个电子邮件地址没有关联头像，则会显示一个默认图像。得到基本的头像URL之后，还可以添加一些查询字符串参数，配置头像的特征。可设参数如表9-1所列。

表9-1 Gravatar查询字符串参数

参数名	说 明
s	图像尺寸，单位为像素
r	图像级别，可选值有'g'、'pg'、'r'和'x'
d	尚未注册Gravatar服务的用户使用的默认图像生成方式，可选值有：'404'，返回
404	错误；一个URL，指向默认图像；某种图像生成方式，包括'mm'、'identicon'、monsterid、'wavatar'、'retro'和'blank'
fd	强制使用默认头像

例如，在john@example.com的头像URL后加上"?d=identicon"，默认头像将变成几何图形。头像URL的这些参数都可以添加到User模型中，具体实现如示例9-11所示。

示例9-11 app/models.py：生成Gravatar URL。

```
1.    import hashlib
```

```
2.  from flask import request
3.
4.  class User(UserMixin, db.Model):
5.      # ...
6.      def gravatar(self, size = 100, default = 'identicon', rating = 'g'):
7.          user = USERS_COLLECTION.find_one({'_id': ObjectId(self.id)})
8.          url = 'https://cravatar.cn/avatar'
9.          hash = hashlib.md5(user['email'].encode('utf-8')).hexdigest()
10.         return '{url}/{hash}? s = {size}&d = {default}&r = {rating}'.format(
11.             url = url, hash = hash, size = size, default = default, rating = rating)
```

头像的 URL 由 URL、用户电子邮件地址的 MD5 散列值和参数组成,而且各个参数都有默认值。注意,Gravatar 要求在计算 MD5 散列值时要规范电子邮件地址,把字母全部转换成小写,因此这个方法也添加了这一步。有了上述实现,我们就可以在 Python shell 中轻松地生成头像的 URL 了:

```
(venv) $ flask shell
>>>u = User(email = 'john@example.com')
>>>u.gravatar()
'https://secure.gravatar.com/avatar/d4c74594d841139328695756648b6bd6? s = 100&d =
identicon&r = g'
>>>u.gravatar(size = 256)
'https://secure.gravatar.com/avatar/d4c74594d841139328695756648b6bd6? s = 256&d =
identicon&r = g'
```

gravatar()方法也可在 Jinja2 模板中调用。示例 9-12 在资料页面中添加一个大小为 256 像素的头像。

示例 9-12　app/tempaltes/user.html:在资料页面中添加头像。

```
1.  ...
2.  <img class = 'img-rounded profile-thumbnail' src = '{{ user.gravatar(size = 256) }}'>
3.  <div class = 'profile-header'>
4.      ...
5.  </div>
6.  ...
```

profile-thumbnail 这个 CSS 类用于定位图像在页面中的位置。头像后面的<div>元素把资料信息包围起来,通过 CSS profile-header 类改进格式。这两个 CSS 类的定义参见本应用的 GitHub 仓库。

使用类似的方式,我们可在基模板的导航栏中添加一个已登录用户头像的小型缩略图。为了更好地调整页面中头像图片的显示格式,我们可使用一些自定义的 CSS 类。你可以在源码仓库的 styles.css 文件中查看自定义的 CSS。styles.css 文件保存在应用的静态文件目录中,在 base.html 模板中引入应用。图 9-3 所示为显示有头像的用户资料页面。

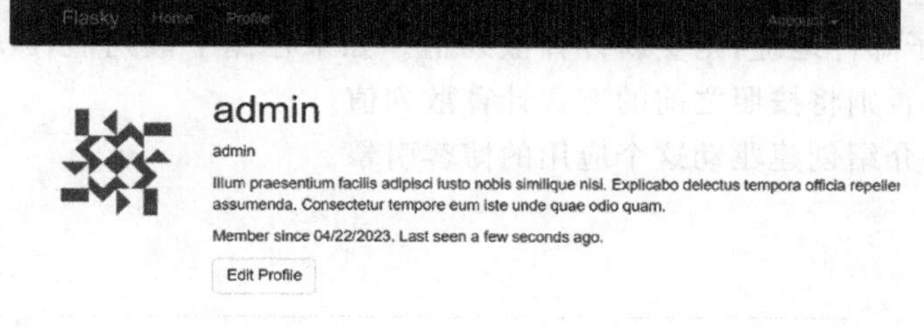

图 9-3 显示有头像的用户资料页面

生成头像时要生成 MD5 散列值,这是一项 CPU 密集型操作。如果要在某个页面中生成大量头像,计算量将会非常大。只要电子邮件地址不变,对应的 MD5 散列值就不会变。鉴于此,我们可以将其缓存在 User 模型中。若要把 MD5 散列值保存在数据库中,需要对 User 模型做些改动,如示例 9-13 所示。

示例 9-13 app/models.py:使用缓存的 MD5 散列值生成 Gravatar URL。

```
1.  class User(UserMixin, db.Model):
2.      # ...
3.      avatar_hash = db.Column(db.String(32))
4.
5.      def __init__(self, **kwargs):
6.          # ...
7.          if self.email is not None and self.avatar_hash is None:
8.              self.avatar_hash = self.gravatar_hash()
9.
10.     def change_email(self, token):
11.         # ...
12.         self.email = new_email
13.         self.avatar_hash = self.gravatar_hash()
14.         return True
15.
16.     def gravatar_hash(self):
17.         return hashlib.md5(self.email.lower().encode('utf-8')).hexdigest()
18.
19.     def gravatar(self, size=100, default='identicon', rating='g'):
20.         user = USERS_COLLECTION.find_one({'_id': ObjectId(self.id)})
21.         url = 'https://cravatar.cn/avatar'
22.         hash = hashlib.md5(user['email'].encode('utf-8')).hexdigest()
23.         return '{url}/{hash}?s={size}&d={default}&r={rating}'.format(
24.             url=url, hash=hash, size=size, default=default, rating=rating)
```

为了避免重复编写计算 Gravatar 散列值的逻辑,我们专门定义了 gravatar_hash() 方法执行此项任务。模型初始化时,散列值存储在新增的 avatar_hash 属性中。如果用户更新了电子邮件地址,则重新计算散列值。如果存储了散列值,gravatar()方法将使用存储的值,否则将按照之前的方式计算散列值。

第 10 章将介绍创建驱动这个应用的博客引擎。

第10章 博客文章

本章将实现Flasky的主要功能，即允许用户阅读和撰写博客文章；并将教你一些新技术：重用模板、分页显示长列表，以及处理富文本。

10.1 提交和显示博客文章

为支持博客文章，我们需要创建一个新的数据库文档 POSTS_COLLECTION，由于我们使用的是非关系型数据库，仅用户管理需要建立模型，之外的文档都可以通过 user_id 建立对应关系，进而在视图函数中直接操作数据库。

在应用的首页要显示一个表单，让用户撰写博客。这个表单很简单，只包括一个多行文本输入框，用于输入博客文章的内容，另外还有一个提交按钮。表单定义如示例 10－1 所示。

示例 10－1 app/main/forms.py：博客文章表单。

```
1.  class PostForm(FlaskForm):
2.      body = TextAreaField('What's on your mind? ', validators = [DataRequired()])
3.      submit = SubmitField('Submit')
```

index()视图函数处理这个表单并把以前发布的博客文章列表传给模板，如示例 10－2 所示。

示例 10－2 app/main/views.py：处理博客文章的首页路由。

```
1.  @main.route('/', methods = ['GET', 'POST'])
2.  def index():
3.      form = PostForm()
4.      if current_user.is_confirmed and \
5.              form.validate_on_submit():    # 所有用户都可以发布信息
6.          POSTS_COLLECTION.insert_one({'body': form.body.data,
7.                                       'user_id': current_user.get_id(),
8.                                       'user_name': current_user.get_name(),
9.                  'gravatar':current_user.gravatar(size = 40),
10.                                      'post_time':datetime.utcnow()})
11.         return redirect(url_for('.index'))
12.     posts = list(POSTS_COLLECTION.find({},{'_id':0}).sort('post_time', DESCENDING))
13.     return render_template('index.html', form = form, posts = posts)
```

这个视图函数把表单和完整的博客文章列表传给模板。文章列表按照时间戳进行降序排列。博客文章表单采取惯常处理方式,如果提交的数据能通过验证,就创建一个新 Post 实例。在发布新文章之前,要检查当前用户是否有写文章的权限。

注意,新文章对象的 author 属性值为表达式 current_user._get_current_object()。变量 current_user 由 Flask-Login 提供,与所有上下文变量一样,也是实现为线程内的代理对象。这个对象的表现类似用户对象,但实际上却是一个轻度包装,包含真正的用户对象。数据库需要真正的用户对象,因此要在代理对象上调用_get_current_object()方法。

这个表单显示在 index.html 模板中的欢迎消息下方,其后是博客文章列表。这是我们首次尝试实现博客文章时间轴,按时间顺序由新到旧列出数据库中所有的博客文章。对模板所做的改动如示例 10-3 所示。

示例 10-3 app/templates/index.html:显示博客文章的首页模板。

```
1.  {% blockpage_content %}
2.  <div class='page-header'>
3.      <h1>Hello, {% if current_user.is_authenticated %}{{ current_user.get_name() }}
        {% else %}Stranger{% endif %}! </h1>
4.  </div>
5.  <div>
6.      {% ifcurrent_user.is_confirmed %}
7.      {{ wtf.quick_form(form) }}
8.      {% endif %}
9.  </div>
10. </br>
11. <ul class='posts'>
12.     {% for post in posts %}
13.     <li class='post'>
14.         <div class='post-thumbnail'>
15.             <a href='{{ url_for('.user', username=post.user_name) }}'>
16.                 <img class='img-rounded profile-thumbnail' src='{{ post.gravatar}}'>
17.             </a>
18.         </div>
19.         <div class='post-content'>
20.             <div class='post-date'>{{ moment(post.post_time).fromNow() }}</div>
21.             <div class='post-author'><a href='{{ url_for('.user', username=post.
                user_name) }}'>{{ post.user_name }}</a></div>
22.             <div class='post-body'>{{ post.body }}</div>
23.         </div>
24.     </li>
25.     {% endfor %}
```

```
26.  </ul>
27.  {% endblock %}
```

博客文章列表通过 HTML 列表实现，并指定了一个 CSS 类，从而让格式更精美。页面左侧会显示作者的小头像，头像和作者的用户名都渲染成链接，指向用户的资料页面。显示有发布表单和博客文章列表的首页如图 10－1 所示。

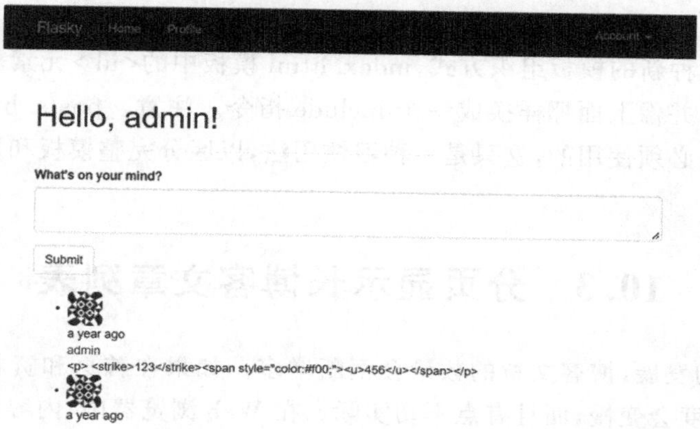

图 10－1 显示有博客发布表单和博客文章列表的首页

10.2 在资料页中显示博客文章

我们可以改进一下用户资料页面，在上面显示该用户发布的博客文章列表。示例 10－4 是对视图函数所做的改动，用以获取文章列表。

示例 10－4 app/main/views.py：获取博客文章的资料页面路由。

```
1.  from flask import render_template, redirect, url_for, abort, flash
2.  @main.route('/user/<username>')
3.  def user(username):
4.      user = USERS_COLLECTION.find_one({'name': username})
5.      if user is None:
6.          abort(404)
7.      posts = list(POSTS_COLLECTION.find({'user_name': username},{'_id':0}).sort('post_
           time', DESCENDING))
8.      return render_template('user.html', user = user, posts = posts)
```

与 index.html 模板一样，user.html 模板也要使用一个 HTML <ul>元素渲染博客文章列表。但是，维护两个完全相同的 HTML 片段副本可不是个好主意。遇到这种情况，Jinja2 提供的 include()指令就非常有用。生成文章列表的 HTML 片段可以移到一个单独的文件中，然后在 index.html 和 user.html 中将其导入。在 user.html

中导入该文件的方式如示例 10－5 所示。

示例 10－5 app/templates/user. html:显示有博客文章的资料页面模板。

```
1.  ...
2.  <h3>Posts by {{ user.username }}</h3>
3.  {% include '_posts.html' %}
4.  ...
```

为了完成这种新的模板组织方式,index. html 模板中的<ul>元素需要移到新模板 _posts. html 中,并像上面那样换成一个 include 指令。注意,_posts. html 模板名中的下划线前缀不是必须使用的,这只是一种习惯用法,以区分完整模板和局部模板。

10.3 分页显示长博客文章列表

随着网站的发展,博客文章的数量会不断增多。如果在首页和资料页显示全部文章,页面加载速度会变慢,而且有点不切实际。在 Web 浏览器中,内容多的网页需要花费更多的时间生成、下载和渲染,因此网页内容变多会让用户体验变差。这一问题的解决方法是分页显示数据并分段渲染。

10.3.1 创建虚拟博客文章数据

想实现博客文章分页,就需要一个包含大量数据的测试数据库。手动添加数据库记录费时费力,所以推荐使用自动化方案。有多个 Python 包可用于生成虚拟信息,其中功能相对完善的是 Faker。这个包使用 pip 安装:

```
(venv) $ pip install faker
```

严格来说,Faker 包并不是这个应用的依赖,因为它只在开发过程中使用。为了区分生产环境的依赖和开发环境的依赖,我们可以用 requirements 子目录替换 requirements. txt 文件,在该目录中分别存储不同环境中的依赖。在这个新目录中,我们可以创建一个 dev. txt 文件,列出开发过程中所需的依赖,再创建一个 prod. txt 文件,列出生产环境所需的依赖。由于两个环境所需的依赖大部分是相同的,可以创建一个 common. txt 文件,在 dev. txt 和 prod. txt 中使用－r 参数将其导入。dev. txt 文件的内容如示例 10－6 所示。

示例 10－6 requirements/dev. txt:开发需求文件。

```
-r common.txt
faker==0.7.18
```

我们将在应用中创建一个新模块,在里面定义两个函数,分别生成虚拟的用户和文章,如示例 10－7 所示。

示例10-7 app/fake.py:生成虚拟用户和博客文章。

```
1.  from pymongo import MongoClient
2.  from random import randint
3.  from faker import Faker
4.  import hashlib
5.  from datetime import datetime
6.
7.
8.  DB_NAME = 'blog' # 数据库名
9.
10. DATABASE = MongoClient()[DB_NAME]  # 连接数据库
11. USERS_COLLECTION = DATABASE['users']  # 用户集合
12. POSTS_COLLECTION = DATABASE['posts']  # 文章集合
13. COMENTS_COLLECTION = DATABASE['coments'] # 评论集合
14.
15. def gravatar(email, size=100, default='identicon', rating='g'):
16.     url = 'https://cravatar.cn/avatar'
17.     hash = hashlib.md5(email.encode('utf-8')).hexdigest()
18.     return '{url}/{hash}?s={size}&d={default}&r={rating}'.format(
19.         url=url, hash=hash, size=size, default=default, rating=rating)
20.
21.
22. def users(count=100):
23.     fake = Faker()
24.     i = 0
25.     while i<count:
26.         u = {'email':fake.email(),
27.                  'username':fake.user_name(),
28.                  'password':'123456',
29.                  'confirmed':True,
30.                  'name':fake.name(),
31.                  'about_me':fake.text(),
32.                  'role':2,
33.                  'register_time':datetime.utcnow()}
34.         USERS_COLLECTION.insert_one(u)
35.         i+=1
36.     print('fake users done!')
37. def posts(count=100):
38.     fake = Faker()
39.     users = list(USERS_COLLECTION.find({}))
40.     for i in range(count):
41.         p = {'body':fake.text(),
```

```
42.                'user_id': str(users[i]['_id']),
43.                'user_name': users[i]['name'],
44.                'gravatar':gravatar(users[i]['email'],size = 40),
45.                'post_time':datetime.utcnow()}
46.            POSTS_COLLECTION.insert_one(p)
47.            i+ =1
48.        print('fake posts done! ')
49.
50.    if __name__ == 'main':
51.        users(count = 10)
52.        posts(count = 10)
```

这些虚拟对象的属性使用 Faker 包提供的随机信息生成器生成,可以生成很逼真的姓名、电子邮件地址、句子等。

用户的电子邮件地址和用户名必须是唯一的,但 Faker 是随机生成这些信息的,因此有重复的风险。如果发生了这种情况(虽然不太可能),提交数据库会话时会抛出 IntegrityError 异常。此时,数据库会话会回滚,取消添加重复用户的尝试。函数中的循环会一直运行,直到生成指定数量的唯一用户为止。

随机生成文章时要为每篇文章随机指定一个用户。为此,我们使用 offset()查询过滤器。这个过滤器会跳过参数指定的记录数量。为了每次都得到不同的随机用户,我们先设定一个随机的偏移,然后调用 first()方法。

使用新定义的这两个函数可以在 Python shell 中轻松生成大量虚拟用户和文章:

```
(venv) PS D:\...\app >python fakedata.py  或
(venv) PS D:\...\app >python
Python 3.6.3 |Anaconda, Inc.| (default, Oct 15 2017, 03:27:45) [MSC v.1900 64 bit
(AMD64)] on win32
Type'help', 'copyright', 'credits' or 'license' for more information.
>>>fromfakedata import users , posts
>>>users(100)
fake users done!
>>>posts(100)
fake posts done!
>>>
```

如果现在运行应用,你会看到首页显示了一个很长的随机博客文章列表,而且由大量不同的用户发布。

10.3.2 在页面中渲染数据

示例 10-8 展示了为支持分页而对首页路由所做的改动。

示例 10-8 app/main/views.py:分页显示博客文章列表。

```
1.   @main.route('/', methods=['GET', 'POST'])
2.   @login_required
3.   def index():
4.       form = PostForm()
5.       if current_user.is_confirmed and \
6.               form.validate_on_submit():  # 所有用户都可以发布信息
7.           POSTS_COLLECTION.insert_one({'body': form.body.data,
8.                       'user_id': current_user.get_id(),
9.                           'user_name': current_user.get_name(),
10.                  'gravatar':current_user.gravatar(size=40),
11.                          'post_time':datetime.utcnow()})
12.          return redirect(url_for('.index'))
13.      posts = POSTS_COLLECTION.find({},{'_id':0}).sort('post_time', DESCENDING)
14.      count = len(list(POSTS_COLLECTION.find({},{'_id':0}).sort('post_time', DESCEND-
     ING)))
15.      page = request.args.get('page', 1, type=int)
16.      per_page = 20
17.      n_posts = posts.skip((page - 1) * per_page).limit(per_page)
18.      pagination = Pagination(page, per_page, count)
19.  return render_template('index.html', form=form, posts=n_posts, pagination=pagina-
   tion)
```

渲染的页数从请求的查询字符串(request.args)中获取,如果没有明确指定,则默认渲染第1页。参数type=int确保参数在无法转换成整数时返回默认值。

由于pymongo没有提供paginate()方法,所以我们要在model.py中自行构造一个分页方法。

```
1.   class Pagination(object):
2.       def __init__(self, page, per_page, total_count):
3.           self.page = page # 当前页码
4.           self.per_page = per_page  # 每页文章数量
5.           self.total_count = total_count  # 文章总数
6.
7.       @property
8.       def pages(self):  # 获取总页数
9.           return int(ceil(self.total_count / float(self.per_page)))
10.
11.      @property
12.      def has_prev(self):  # 如果有前一页
13.          return self.page >1
14.
15.      @property
16.      def has_next(self):  # 如果有下一页
```

```
17.            return self.page < self.pages
18.
19.        def iter_pages(self, left_edge = 2, left_current = 2,
20.                       right_current = 5, right_edge = 2):
21.            last  =  0
22.            for num in range(1, self.pages  +  1):
23.                if num < = left_edge or \
24.                       (num > self.page  -  left_current  -  1 and  num < self.page  +  right_
                       current) or  num > self.pages  -  right_edge:
25.                    if last  +  1 ! = num:
26.                        yield None
27.                    yield num
28.                    last  =  num
```

paginate()方法的第一个参数——也是唯一必需的参数——页数。可选参数 per_page 指定每页显示的记录数量;如果没有指定,则默认显示 20 个记录。另一个可选参数为 error_out,如果设为 True(默认值),则请求页数超出范围时返回 404 错误;如果设为 False,则页数超出范围时返回一个空列表。为了能够很便利地配置每页显示的记录数量,参数 per_page 的值从应用的配置变量 FLASKY_POSTS_PER_PAGE 中读取。这个配置在 config. py 中设置。

这样修改之后,首页中的文章列表会只显示有限数量的文章。若想查看第 2 页中的文章,则要在浏览器地址栏中的 URL 后加上查询字符串? page=2。

10.3.3 添加分页导航

paginate()方法的返回值是一个 Pagination 类对象,这个对象包含多个属性,用于在模板中生成分页链接,因此将其作为参数传入了模板。

拥有这么强大的对象和 Bootstrap 中的分页 CSS 类,我们就能很容易地在模板底部构建一个分页导航。示例 10 - 9 所示为分页的局部模板。

示例 10 - 9 app/templates/_pagination. html:分页局部模板。

```
1.    <div class = 'text - center'>
2.        <ul class = 'pagination'>
3.            { % ifpagination.has_prev % }
4.                <li><a href = '{{ url_for_other_page(pagination.page  -  1)}}'>&laquo; 上
                一页</a></li>
5.            { % endif % }
6.            { % for page inpagination.iter_pages() % }
7.                { % if page % }
8.                    { % ifpage !  =  pagination.page % }
9.                        <li><a href = '{{ url_for_other_page(page) }}'>{{ page }}</a></
                        li>
```

```
10.                 {% else %}
11.                     <li><a href='#'><strong>{{ page }}</strong></a></li>
12.                 {% endif %}
13.             {% else %}
14.                 <li><span>…</span></li>
15.             {% endif %}
16.         {% endfor %}
17.         {% ifpagination.has_next %}
18.             <li><a href='{{ url_for_other_page(pagination.page + 1) }}'>下一页
            &raquo;</a></li>
19.         {% endif %}
20.     </ul>
21. </div>
```

示例10－10所示为在应用首页使用这个局部模板。

示例10－10 app/templates/index.html：在博客文章列表下面添加分页导航。

```
1.  {% blockpage_content %}
2.  <div class='page-header'>
3.      <h1>Hello, {% if current_user.is_authenticated %}{{ current_user.get_name() }}
        {% else %}Stranger{% endif %}! </h1>
4.  </div>
5.  <div>
6.      {% ifcurrent_user.is_confirmed %}
7.      {{ wtf.quick_form(form) }}
8.      {% endif %}
9.  </div>
10. </br>
11. <ul class='posts'>
12.     {% for post in posts %}
13.     <li class='post'>
14.         <div class='post-thumbnail'>
15.             <a href='{{ url_for('.user', username=post.user_name) }}'>
16.                 <img class='img-rounded profile-thumbnail' src='{{ post.gravatar}}'>
17.             </a>
18.         </div>
19.         <div class='post-content'>
20.             <div class='post-date'>{{ moment(post.post_time).fromNow() }}</div>
21.             <div class='post-author'><a href='{{ url_for('.user', username=post.
            user_name) }}'>{{ post.user_name }}</a></div>
22.             <div class='post-body'>{{ post.body }}</div>
23.         </div>
```

```
24.         </li>
25.         {% endfor %}
26.     </ul>
27.     {% include '_pagination.html' %}
28.     {% endblock %}
```

页面中的分页链接如图 10-2 所示。

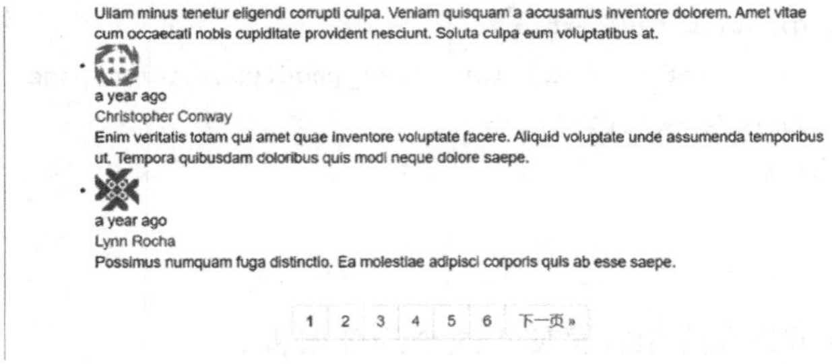

Ullam minus tenetur eligendi corrupti culpa. Veniam quisquam a accusamus inventore dolorem. Amet vitae cum occaecati nobis cupiditate provident nesciunt. Soluta culpa eum voluptatibus at.
a year ago
Christopher Conway
Enim veritatis totam qui amet quae inventore voluptate facere. Aliquid voluptate unde assumenda temporibus ut. Tempora quibusdam doloribus quis modi neque dolore saepe.
a year ago
Lynn Rocha
Possimus numquam fuga distinctio. Ea molestiae adipisci corporis quis ab esse saepe.
1 2 3 4 5 6 下一页»

图 10-2 博客文章分页导航

10.4 使用 Markdown 和 Flask-PageDown 支持富文本文章

对于发布短消息和状态更新来说,纯文本足够用了,但如果用户想发布长文章,就会觉得在格式上受到了限制。本节要将输入文章的多行文本输入框升级,让其支持 Markdown(https://daringfireball.net/projects/markdown/)句法,还要添加富文本文章的预览功能。

实现这个功能要用到一些新包。

① PageDown:使用 JavaScript 实现客户端 Markdown 到 HTML 的转换程序。

② Flask-PageDown:为 Flask 包装 PageDown,把 PageDown 集成到 Flask-WTF 表单中。

③ Markdown:使用 Python 实现服务器端 Markdown 到 HTML 的转换程序。

④ Bleach:使用 Python 实现 HTML 的清理程序。

这些 Python 包可使用 pip 安装:

```
(venv) $ pip install flask-pagedown markdown bleach
```

10.4.1 使用 Flask-PageDown

Flask-PageDown 扩展定义了一个 PageDownField 类,这个类和 WTForms 中的 TextAreaField 接口一致。使用 PageDownField 字段之前,先要初始化扩展,如示例 10-11 所示。

示例 10－11 app/__init__.py：初始化 Flask-PageDown。

```
1.  from flask_pagedown import PageDown
2.  # ...
3.  pagedown = PageDown()
4.  # ...
5.  def create_app(config_name):
6.      # ...
7.      pagedown.init_app(app)
8.      # ...
```

若想把首页中的多行文本控件转换成 Markdown 富文本编辑器，PostForm 表单中的 body 字段必须改成 PageDownField 字段，如示例 10－12 所示。

示例 10－12 app/main/forms.py：支持 Markdown 的文章表单。

```
1.  from flask_pagedown.fields import PageDownField
2.
3.  class PostForm(FlaskForm):
4.      body = PageDownField('What's on your mind? ', validators=[Required()])
5.      submit = SubmitField('Submit')
```

Markdown 的预览使用 PageDown 库生成，因此要把相关的文件添加到模板中。Flask-Page Down 简化了这个过程，提供了一个模板宏，从 CDN 中加载所需的文件，如示例 10－13 所示。

示例 10－13 app/templates/index.html：Flask-PageDown 模板声明。

```
1.  {% block scripts %}
2.  {{ super() }}
3.  {{pagedown.include_pagedown() }}
4.  {% endblock %}
```

做了上述修改后，在多行文本字段中输入的 Markdown 格式文本会被立即渲染成 HTML，显示在输入框下方。富文本博客文章表单如图 10－3 所示。

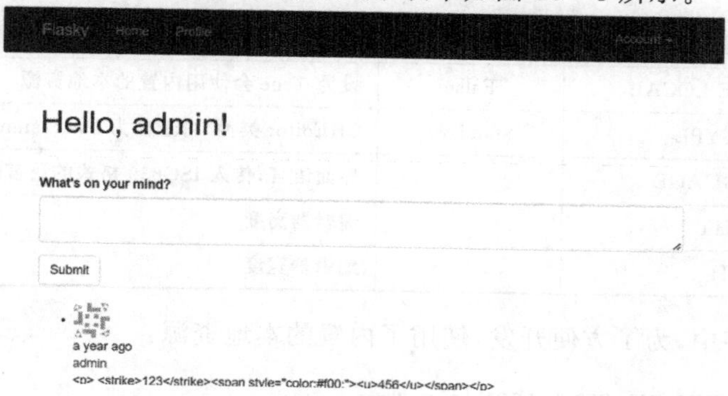

图 10－3 富文本博客文章表单

10.4.2 CKeditor 富文本编辑器

笔者使用 AdminLTE 推荐的 CKeditor 富文本编辑器。富文本编辑器即所见即所得编辑器,类似于文本编辑软件。它提供一系列按钮和下拉列表来为文本设置格式,编辑状态的文本样式即最终呈现出来的样式。在 Web 程序中,这种编辑器也称为 HTML 富文本编辑器,因为它使用 HTML 标签来为文本定义样式,如图 10-4 所示。

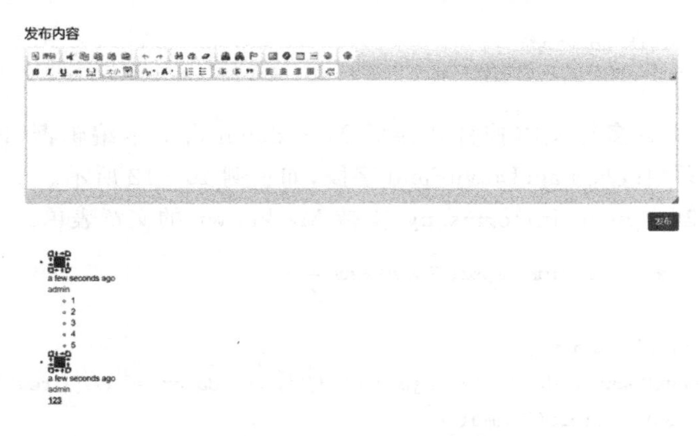

图 10-4 CKeditor 界面

使用之前,要在虚拟环境中安装这个扩展:

```
(venv) $ pip install flask-ckeditor
```

然后实例化 Flask-CKEditor 提供的 CKEditor 类,传入程序实例:

```
fromflask_ckeditor import CKEditor
ckeditor = CKEditor(app)
```

Flask-CKEditor 提供了许多配置变量来对编辑器进行设置,常用的设置如表 10-1 所列。

表 10-1 CKEditor 配置

配置键	默认值	说 明
CKEDITOR SERVE LOCAL	False	设为 True 会使用内置的本地资源
CKEDITOR PKG TYPE	standard	CKEditor 类型,可选值为 basic、standard 和 full
CKEDITOR_LANGUAGE		界面语言,传入 ISO639 格式的语言码
CKEDITOR HEIGHT		编辑器高度
CKEDITOR WIDTH		编辑器宽度

在实例程序中,为了方便开发,使用了内置的本地资源:

```
app.config['CKEDITOR_SERVE_LOCAL'] = True
```

Flask-CKEditor 内置了对常用第三方 CKEditor 插件的支持，你可以轻松地为编辑器添加图片上传与插入、插入语法高亮代码片段、MarkDown 编辑模式等功能，要使用这些功能，需要在 CKEditor 包中安装对应的插件，Flask-CKEditor 内置的资源已经包含了这些插件。

富文本编辑器在 HTML 中通过文本区域字段表示，即<textarea><//textarea>。Flask-CKEditor 通过包装 WTForms 提供的 TextAreaField 字段类型实现了一个 CKEditorField 字段类，我们使用它来构建富文本编辑框字段，如以下示例中的 RichTextForm 表单包含了一个标题字段和一个正文字段。

```
1.  from flask_wtf import FlaskForm
2.  from wtforms import StringField, SubmitField ,TextAreaField
3.  from wtforms.validators import DataRequired, Length
4.  from flask_ckeditor import CKEditorField # 从 flask_ckeditor 包导入
5.
6.  class RichTextForm(FlaskForm):
7.      title = StringField('Title', validators=[DataRequired(),Length(1,50)])
8.      body = CKEditorField('Body', validators=[DataRequired()])
9.      submit = SubmitField('Publish')
```

文章正文字段（body）使用的 CKEditorField 字段类型从 Flask-CKEditor 导入。我们可以像其他字段一样定义标签、验证器和默认值。在使用上，这个字段和 WTForms 内置的其他字段完全相同。比如，在提交表单时，同样使用 data 属性获取数据。

在模板中，渲染这个 body 字段的方式和其他字段完全相同。在以下示例程序中，我们在模板 ckeditor.html 渲染了这个表单：

```
1.  {% extends 'base.html' %}
2.  {% from 'macros.html' importform_field %}
3.
4.  {% block content %}
5.  <hi>Integrate CKEditor with Flask-CKEditor</hi>
6.  <form method="post">
7.      {{ form.csrf_token }}
8.      {{ form_field(form.title) }}
9.      {{ form_field(form.body) }}
10.     {{ form.submit }}
11. </form>
12. {% endblock %}
13. {% block scripts %}
14. {{ super() }}
15. {{ckeditor.load() }}
16. {% endblock %}
```

渲染 CKEditor 编辑器需要加载相应的 JavaScript 脚本。在开发时，为了方便开发,可以使用 Flask-CKEditor 在模板中提供的 ckeditor. load()方法加载资源,它默认从 CDN 加载资源,将 CKEDITOR_SERVE_LOCAL 设为 True 会使用扩展内置的本地资源,内置的本地资源包含了几个常用的插件和语言包。ckeditor. load()方法支持通过 pkg_type 参数传入包类型,这会覆盖配置 CKEDITOR_PKG_TYPE 的值,额外的 version 参数可以设置从 CDN 加载的 CKEditor 版本。

为了支持为不同页面上的编辑器字段或单个页面上的多个编辑器字段使用不同的配置,大多数配置键都可以通过相应的关键字在 ckeditor. config()方法中传入,比如 language、height、width 等,这些参数会覆盖对应的全局配置。

最后,也可以访问 CKEditor 官网提供的构建工具构建自己的 CKEditor 包,下载后放到 static 目录下,然后在需要显示文本编辑器的模板中加载包目录下的 ckeditor. js 文件,替换掉 ckeditor. load()调用。这种方式有利于添加第三方的 CKEditor 插件,如代码高亮等,如示例 10 - 14 所示。

示例 10 - 14 app/templates/_posts. html:在模板中使用文章内容的 HTML 格式。

```
1.  {% extends 'base.html' %}
2.  {% import 'bootstrap/wtf.html' as wtf %}
3.
4.  {% block title %}Flasky{% endblock %}
5.
6.  {% blockpage_content %}
7.  <div class = 'page - header' >
8.      <h1 >Hello, {% if current_user.is_authenticated %}{{ current_user.get_name() }}
        {% else %}Stranger{% endif %}! </h1 >
9.  </div >
10. <div >
11.     {% ifcurrent_user.is_confirmed %}
12.     <! -- {{ wtf.quick_form(form) }} -- >
13.     <div class = 'row' >
14.         <div class = 'col - md - 12' >
15.             <form method = 'post' >
16.                 {{ form.csrf_token }}
17.                 <! -- .box -- >
18.                 <div class = 'box box - info form - group' >
19.                     <div class = 'box - header' >
20.                         <h3 class = 'box - title' >发布内容</h3 >
21.                     </div >
22.                     <div class = 'box - body pad' >
23.                         {{ form.body(type = 'text',class = 'form - control ',placeholder
                            = '请输入...',rows = '5') }}
```

```
24.                 </div>
25.             </div>
26.             <div class='box-footer clearfix  form-group'>
27.                 {{ form.submit(class='pull-right btn btn-primary') }}
28.             </div>
29.         </form>
30.
31.     </div>
32.     <!-- /.col -->
33.   </div>
34.   {% endif %}
35. </div>
36. </br>
37. <ul class='posts'>
38.     {% for post in posts %}
39.     <li class='post'>
40.         <div class='post-thumbnail'>
41.             <a href='{{ url_for('.user', username=post.user_name) }}'>
42.                 <img class='img-rounded profile-thumbnail' src='{{ post.gravatar}}'>
43.             </a>
44.         </div>
45.         <div class='post-content'>
46.             <div class='post-date'>{{ moment(post.post_time).fromNow() }}</div>
47.             <div class='post-author'><a href='{{ url_for('.user', username=post.user_name)
                }}'>{{ post.user_name }}</a>
48.             </div>
49.             <div class='post-body'>{{ post.body | safe}}</div>
50.         </div>
51.     </li>
52.     {% endfor %}
53. </ul>
54. {% include '_pagination.html' %}
55. {%endblock %}
56.
57. {% block scripts %}
58. {{ super() }}
59. <!-- jQuery 3 -->
60. <script src='{{ url_for('static', filename='adminlte/bower_components/ckeditor/ckedi-
    tor.js') }}'></script>
61. <!-- Bootstrap WYSIHTML5 -->
62. <script src='{{ url_for('static', filename='adminlte/plugins/bootstrap-wysihtml5/
```

```
                    bootstrap3 - wysihtml5.all.min.js') }}'>
63.  </script>
64.  <script>
65.      $(function () {
66.          CKEDITOR.replace('body')
67.      })
68.  </script>
69.  {% - endblock scripts %}
```

渲染 HTML 格式内容时使用 | safe 后缀,其目的是告诉 Jinja2 不要转义 HTML 元素。出于安全考虑,默认情况下 Jinja2 会转义所有模板变量,但是从 Markdown 到 HTML 的转换是在我们自己的服务器上完成的,因此可以放心直接渲染。

10.5 博客文章的固定链接

用户有时希望能在社交网络中和朋友分享某篇博客文章的链接。为此,每篇文章都要有一个专页,使用唯一的 URL 引用。支持固定链接功能的路由和视图函数如示例 10 - 15 所示。

示例 10 - 15 app/main/views.py:为文章提供固定链接。

```
1.  @main.route('/post/<id>')
2.  def post(id):
3.      post = POSTS_COLLECTION.find_one({'_id': ObjectId(id)})
4.      if post:
5.          return render_template('post.html', posts=[post])
6.      else:
7.          abort 404
```

博客文章的 URL 使用插入数据库时分配的唯一 id 字段构建。

对某些类型的应用来说,更适合使用可读性高的字符串而不是数字 id 构建固定链接。除了数字 id 之外,应用还可以为博客文章起个别名,即根据文章的标题或前几个词生成一个唯一字符串。

注意,post.html 模板接收一个列表作为参数,这个列表只有一个元素,即要渲染的文章。传入列表是为了方便,因为这样,index.html 和 user.html 引用的_posts.html 模板就能在这个页面中使用。

固定链接添加到通用模板_posts.html 中,显示在文章下方,如示例 10 - 16 所示。

示例 10 - 16 app/templates/_posts.html:加上文章的固定链接。

```
1.  <ul class='posts'>
2.      {% for post in posts %}
3.      <li class='post'>
```

```
4.          <div class = 'post - thumbnail' >
5.              <a href = '{{ url_for('.user', username = post.user_name) }}' >
6.                  < img class = 'img - rounded profile - thumbnail' src = '{{ post.gravatar}}
'>
7.              </a >
8.          </div >
9.          <div class = 'post - content' >
10.             <div class = 'post - date' >{{ moment(post.post_time).fromNow() }}</div >
11.             <div class = 'post - author' ><a href = '{{ url_for('.user', username = post.
user_name) }}' >{{ post.user_name }}</a ></div >
12.             <div class = 'post - body' >{{ post.body | safe }}</div >
13.             <div class = 'post - footer' >
14.                 <a href = '{{ url_for('.post', id = post._id) }}' >
15.                     <span class = 'label label - default' >Permalink </span >
16.                 </a >
17.             </div >
18.
19.         </div >
20.
21.     </li >
22.     {% endfor %}
23. </ul >
```

渲染固定链接页面的 post.html 模板如示例 10 - 17 所示，其中引入了上述模板。

示例 10 - 17 app/templates/post.html：固定链接模板。

```
1. {% extends 'base.html' %}
2.
3. {% block title %}Flasky - Post{% endblock %}
4.
5. {% blockpage_content %}
6. {% include '_posts.html' %}
7. {%endblock %}
```

10.6 博客文章编辑器

与博客文章相关的最后一个功能是文章编辑器，让用户编辑自己的文章。博客文章编辑器显示在单独的页面中，而且也基于 Flask-PageDown 实现，因此页面中要有个文本框，显示博客文章的 Markdown 文本，并在下方显示预览。edit_post.html 模板如示例 10－18 所示。

示例 10－18 app/templates/edit_post.html:编辑博客文章的模板。

```
1.  <ul class='posts'>
2.      {% for post in posts %}
3.      <li class='post'>
4.          <div class='post-thumbnail'>
5.              <a href='{{ url_for('.user', username=post.user_name) }}'>
6.                  <img class='img-rounded profile-thumbnail' src='{{ post.gravatar}}'>
7.              </a>
8.          </div>
9.          <div class='post-content'>
10.             <div class='post-date'>{{ moment(post.post_time).fromNow() }}</div>
11.             <div class='post-author'><a href='{{ url_for('.user', username=post.
                user_name) }}'>{{ post.user_name }}</a></div>
12.             <div class='post-body'>{{ post.body | safe }}</div>
13.             <div class='post-footer'>
14.                 {% if current_user.get_id() == post['user_id'] %}
15.                 <a href='{{ url_for('.edit', id=post._id) }}'>
16.                     <span class='label label-primary'>Edit</span>
17.                 </a>
18.                 {%elif role == 2 %}
19.                 <a href='{{ url_for('.edit', id=post._id) }}'>
20.                     <span class='label label-danger'>Edit [Admin]</span>
21.                 </a>
22.                 {% endif %}
23.                 <a href='{{ url_for('.post', id=post._id) }}'>
24.                     <span class='label label-default'>Permalink</span>
25.                     </a>
26.                 </div>
27.
28.         </div>
29.
30.     </li>
31.     {%endfor %}
32. </ul>
```

博客文章编辑器使用的路由如示例 10－19 所示。

示例 10－19 app/main/views.py:编辑博客文章的路由。

```
1.  @main.route('/edit/<id>', methods=['GET', 'POST'])
2.  @login_required
```

```
3.  def edit(id):
4.      post = POSTS_COLLECTION.find_one({'_id': ObjectId(id)},{'_id':0})
5.      user = USERS_COLLECTION.find_one({'_id': ObjectId(current_user.get_id())}, {'_id':
0})
6.      if current_user.get_id() ! = post['user_id']:
7.          abort 404
8.      form = PostForm()
9.      if form.validate_on_submit():
10.         post['body'] = form.body.data
11.         POSTS_COLLECTION.update_one({'_id': ObjectId(id)},{'$ set': post})
12.         flash('The post has been updated.')
13.         return redirect(url_for('.post', id=id))   # id始终不变
14.     form.body.data = post['body']
15.     return render_template('edit_post.html', form=form,role=user['role'])
```

这个视图函数只允许博客文章的作者编辑文章，但管理员例外，管理员能编辑所有用户的文章。如果用户试图编辑其他用户的文章，则视图函数返回403错误。这里使用的PostForm表单类和首页中使用的是同一个。

为了让功能完整，我们还可以在每篇博客文章的下面、固定链接的旁边添加一个指向编辑页面的链接，如示例10-20所示。

示例10-20 app/templates/_posts.html：编辑博客文章的链接。

```
1.  {% extends 'base.html' %}
2.  {% import 'bootstrap/wtf.html' as wtf %}
3.
4.  {% block title %}Flasky - Edit Post{% endblock %}
5.
6.  {% blockpage_content %}
7.  <div class='page-header'>
8.      <h1>重新编辑</h1>
9.  </div>
10. <div>
11.     <!-- {{ wtf.quick_form(form) }} -->
12.     <div class='row'>
13.         <div class='col-md-12'>
14.             <form method='post'>
15.                 {{ form.csrf_token }}
16.                 <div class='box box-info form-group'>
17.                     <div class='box-header'>
18.                         <h3 class='box-title'>发布内容</h3>
19.                     </div>
20.                     <div class='box-body pad'>
```

```
21.                         {{ form.body(type = 'text',class = 'form - control ',placeholder
    = '请输入...',rows = '5') }}
22.                     </div>
23.                 </div>
24.                 <div class = 'box - footer clearfix  form - group' >
25.                     {{ form.submit(class = 'pull - right btn btn - primary') }}
26.                 </div>
27.             </form>
28.
29.         </div>
30.     </div>
31. </div>
32. { % endblock % }
33.
34. { % block scripts % }
35. {{ super() }}
36. <script src = '{{ url_for('static', filename = 'adminlte/bower_components/ckeditor/ckedi-
    tor.js') }}'></script>
37. </script>
38. <script>
39.     $ (function () {
40.         CKEDITOR.replace('body')
41.     })
42. </script>
43. { % - endblock scripts % }
```

这次修改在当前用户发布的博客文章下面添加一个 Edit 链接。如果当前用户是管理员,那么所有文章下面都会有编辑链接。为管理员显示的链接样式有点不同,以从视觉上表明这是管理功能。图 10 - 5 所示为在浏览器中显示的编辑链接和固定链接。

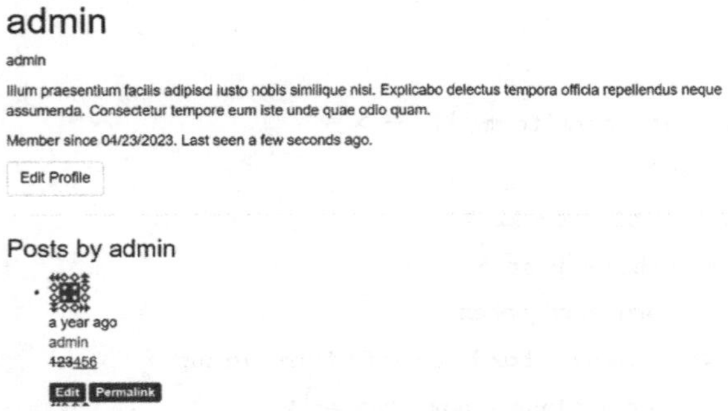

图 10 - 5　博客文章的编辑链接和固定链接

第11章 关注者

社交Web应用允许用户之间相互联系。不同的应用以不同的名称称呼这样的关系,例如关注者、好友、联系人、联络人或伙伴。不管使用什么名称,其功能都是一样的,都要记录两个用户之间的定向联系,在数据库查询中也要使用这种联系。

在本章,你将学到如何在Flasky中实现关注功能,让用户"关注"其他用户,并在首页只显示所关注用户发布的博客文章列表。

11.1 再论数据库关系

在关系型数据库中,通过副键建立一对多或多对多的关系,可以跨表单快速请求数据。在非关系型数据库中,我们仅需要在文档中加入相关联的键(副键)即可,例如:用户文档中的_id主键,可以在posts、comments等文档中以user_id记录,需要相关数据时,根据_id进行查找即可;不难看出,mongoDB的便携性是以速度为代价的,好在小型项目可以无视速度,或者说速度影响不明显;对于大型项目,可以采用分布式查询,或改用关系型数据库。接下来通过代码展示关注者、用户评论的实现过程。

11.2 在资料页面中显示关注者

如果用户查看一个尚未关注用户的资料页面,则页面中要显示一个Follow(关注)按钮;如果查看已关注用户的资料页面,则显示Unfollow(取消关注)按钮以供操作。而且,页面中最好能显示出关注者和被关注者的数量,再列出关注和被关注的用户列表,并在相应的用户资料页面中显示Follows You(关注了你)标志。对用户资料页面模板的改动如示例11-1所示。添加这些信息后的资料页面如图11-1所示。

示例11-1 app/templates/user.html:在用户资料页面上部添加关注信息。

```
1.    <p>{{ count }} blog posts.</p>
2.    <p>
3.        {% if notis_follow %}
4.        <a href='{{ url_for('.follow', userusername = user.username) }}' class = 'btn btn-
      primary'>Follow</a>
5.        {% else %}
```

```
6.          <a href = '{{ url_for('.unfollow', userusername = user.username) }}' class = 'btn btn-
            default' >Unfollow </a >
7.          { % endif % }
8.          <a href = '{{ url_for('.followers', userusername = user.username) }}' >Followers: <
            span class = 'badge' >{{ follower_count }}</span ></a >
9.          <a href = '{{ url_for('.followed_by', userusername = user.username) }}' >Followed: <
            span class = 'badge' >{{ followed_count }}</span ></a >
10.    </p >
11.
12.    <p >
13.         { % ifuser._id | string == current_user.get_id() % }
14.         <a class = 'btn btn-default' href = '{{ url_for('main.edit_profile') }}' >Edit Profile
</a >
15.         { % endif % }
16.         { % ifuser.role == 'admin' % }
17.         <a class = 'btn btn-danger' href = '{{ url_for('main.edit_profile_admin', id = user._
            id) }}' >Edit Profile
18.              [Admin]</a >
19.         { % endif % }
20.    </p >
```

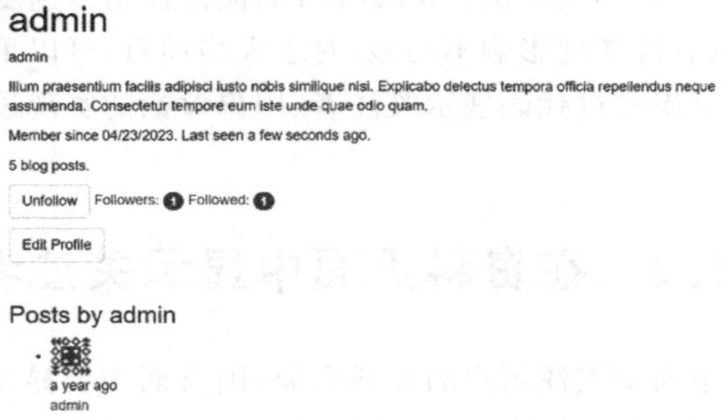

图 11-1　资料页中显示的关注信息

这次修改模板用到了 4 个新端点。用户在其他用户的资料页面中点击 Follow(关注)按钮后,调用的是/follow/<username >路由。这个路由的实现如示例 11-2 所示。

示例 11-2　app/main/views.py:“关注”路由和视图函数。

```
1.    @main.route('/follow/<username >')
2.    @login_required
3.    def follow(username):
4.        followed  = USERS_COLLECTION.find_one({'name': username})    # 被关注者
5.
6.        if followed is None:
```

```
7.            flash('Invalid user.')
8.            return redirect(url_for('.index'))
9.
10.       followed_id = str(followed['_id'])
11.       follower_id = current_user.get_id()
12.       is_follow = FOLLOWERS_COLLECTION.find_one({'follower': follower_id,'followed':fol-
          lowed_id })
13.       if is_follow:
14.           flash('You are already following this user.')
15.           return redirect(url_for('.user', username=username))
16.       FOLLOWERS_COLLECTION.insert_one({'follower': follower_id,'followed':followed_id,
          'time':datetime.utcnow()})  # 插入数据
17.       flash('You are now following %s.' % username)
18.       return redirect(url_for('.user', username=username))
```

这个函数加载并验证请求的用户，然后使用第 10 章中介绍的技术分页显示该用户的 followers 关系。

渲染关注者列表的模板可以写得通用一些，以便能用来渲染关注的用户列表和被关注的用户列表。模板接收的参数包括用户对象、页面的标题、分页链接使用的端点、分页对象和查询结果列表。

followers.html 模板使用两列表格实现，左边一列显示用户名和头像，右边一列显示 Flask-Moment 时间戳。

再看下面 unfollow 的实现代码：

```
1.  @main.route('/unfollow/<username>')
2.  @login_required
3.  def unfollow(username):
4.      followed = USERS_COLLECTION.find_one({'name': username})  # 被关注者
5.
6.      if followed is None:
7.          flash('Invalid user.')
8.          return redirect(url_for('.index'))
9.      followed_id = str(followed['_id'])
10.     follower_id = current_user.get_id()
11.     is_follow = FOLLOWERS_COLLECTION.find_one({'follower': follower_id,'followed':fol-
lowed_id })
12.     if not is_follow:
13.         flash('You are not following this user.')
14.         return redirect(url_for('.user', username=username))
15.     FOLLOWERS_COLLECTION.delete_one({'follower': follower_id,'followed':followed_id})
  # 插入数据
16.     flash('You are not following %s anymore.' % username)
17.     return redirect(url_for('.user', username=username))
```

11.3 查看指定用户的关注者和被关注者

可以将指定用户的关注者和被关注者作为一个单独的页面进行展示,如示例 11 - 3 所示。

示例 11 - 3 app/main/views.py:指定用户的关注者和被关注者。

```
1.  @main.route('/followers/<username>')
2.  @login_required
3.  def followers(username):
4.      user = USERS_COLLECTION.find_one({'name': username})
5.      if user is None:
6.          flash('Invalid user.')
7.          return redirect(url_for('.index'))
8.      user_id = str(user['_id'])
9.      followers = FOLLOWERS_COLLECTION.find({'follower': user_id}).sort('time', DESCEND-
        ING)
10.     count = len(list(FOLLOWERS_COLLECTION.find({'follower': user_id}).sort('time', DE-
        SCENDING)))
11.     page = request.args.get('page', 1, type=int)
12. per_page = 20
13.     n_followers = followers.skip((page - 1) * per_page).limit(per_page)
14.     pagination = Pagination(page, per_page, count)
15.     follows = []
16.     for i in list(n_followers):
17.         user = USERS_COLLECTION.find_one({'_id': ObjectId(i['followed'])})
18.         time = i['time']
19.         follows.append({'user':user,'time':time})
20.     return render_template('followers.html', user=user, title='Followers of',
21.                            endpoint='.followers', pagination=pagination,
22.                            follows=follows)
23.
24.
25. @main.route('/followed-by/<username>')
26. @login_required
27. def followed_by(username):
28.     user = USERS_COLLECTION.find_one({'name': username})
29.     if user is None:
30.         flash('Invalid user.')
31.         return redirect(url_for('.index'))
32.     user_id = str(user['_id'])
```

```
33.        followers = FOLLOWERS_COLLECTION.find({'followed': user_id}).sort('time', DESCENDING)
34.        count = len(list(FOLLOWERS_COLLECTION.find({'followed': user_id}).sort('time', DESCENDING)))
35.        page = request.args.get('page', 1, type = int)
36.        per_page = 20
37.        n_followers = followers.skip((page - 1) * per_page).limit(per_page)
38.        pagination = Pagination(page, per_page, count)
39.        follows = []
40.        for i in list(n_followers):
41.            user = USERS_COLLECTION.find_one({'_id': ObjectId(i['follower'])})
42.            time = i['time']
43.            follows.append({'user':user,'time':time})
44.        return render_template('followers.html', user = user, title = 'Followed by',
45.                               endpoint = '.followed_by', pagination = pagination,
46.                               follows = follows)
```

同一模板对不同的传入数据进行渲染：

```
1.  {% extends 'base.html' %}
2.
3.  {% block title %}Flasky - {{ title }} {{ user.name }}{% endblock %}
4.
5.  {% blockpage_content %}
6.  <div class = 'page - header'>
7.      <h1>{{ title }} {{ user.name }}</h1>
8.  </div>
9.  <table class = 'table table - hover followers'>
10.     <thead><tr><th>User</th><th>Since</th></tr></thead>
11.     {% for follow in follows %}
12.     <tr>
13.         <td>
14.             <a href = '{{ url_for('.user', username = follow.user.name) }}'>
15.                 {{ follow.user.name }}
16.             </a>
17.         </td>
18.         <td>{{ moment(follow.time).format('L') }}</td>
19.     </tr>
20.     {% endfor %}
21. </table>
22. {% include '_pagination.html' %}
23. {% endblock %}
```

11.4 在首页显示所关注用户的文章

现在,用户可以选择在首页显示所有用户的博客文章还是只显示所关注用户的文章了。示例 11-4 所示为如何实现这种选择。

示例 11-4 app/main/views.py:显示所有博客文章或只显示所关注用户的文章。

```
1.  @main.route('/', methods = ['GET', 'POST'])
2.  def index():
3.      # ...
4.      if show_followed:
5.          followers = FOLLOWERS_COLLECTION.find({'follower': current_user.get_id()}) .
            sort('time', DESCENDING)
6.          posts = []
7.          for i in followers:
8.              i_posts = list(POSTS_COLLECTION.find({'user_id':i['followed']}).sort('post
                _time', DESCENDING))
9.              posts.extend(i_posts)
10.          # n_posts = posts
11.          # pagination = False  # 列表无法分列
12.         count = len(posts)
13.         page = request.args.get('page', 1, type = int)
14.         per_page = 5
15.         n_posts = posts[(page - 1) * per_page : (page - 1) * per_page + per_page]
16.         pagination = Pagination(page, per_page, count)
17.
18.     else:
19.         posts = POSTS_COLLECTION.find({}).sort('post_time', DESCENDING)
20.         count = len(list(POSTS_COLLECTION.find({}).sort('post_time', DESCENDING)))
21.         page = request.args.get('page', 1, type = int)
22.         per_page = 20
23.         n_posts = posts.skip((page - 1) * per_page).limit(per_page)
24.         pagination = Pagination(page, per_page, count)
25.
26.      return render_template('index.html', form = form, posts = n_posts, show_followed =
         show_followed, pagination = pagination)
```

决定显示所有博客文章还是只显示所关注用户文章的选项存储在名为 show_followed 的 cookie 中,如果其值为非空字符串,表示只显示所关注用户的文章。cookie 以 request.cookies 字典的形式存储在请求对象中。show_followed cookie 在两个新路由中设定，这种传参的逻辑在实践中非常有用，如示例 11－5 所示。

示例 11－5 app/main/views.py：查询所有文章还是所关注用户的文章。

```
1.   @main.route('/all')
2.   @login_required
3.   def show_all():
4.       resp = make_response(redirect(url_for('.index')))   #  一种有用的传参方式
5.       resp.set_cookie('show_followed', '', max_age = 30 * 24 * 60 * 60)
6.       return resp
7.
8.
9.   @main.route('/followed')
10.  @login_required
11.  def show_followed():
12.      resp = make_response(redirect(url_for('.index')))
13.      resp.set_cookie('show_followed', '1', max_age = 30 * 24 * 60 * 60)
14.      return resp
```

指向这两个路由的链接添加在首页模板中。单击这两个链接后会为 show_followed cookie 设定适当的值，然后重定向到首页。

cookie 只能在响应对象中设置，因此这两个路由不能依赖 Flask，要使用 make_response()方法创建响应对象。

set_cookie()函数的前两个参数分别是 cookie 名称和值。可选的**max_age** 参数设置 cookie 的过期时间，单位为秒。如果不指定 max_age 参数，浏览器关闭后 cookie 就会过期。在本例中，最长过期时间为 30 天，所以即便用户几天不访问应用，浏览器也会记住设定的值，上述代码如图 11－2 所示，接下来我们要对模板做些改动，在页面上部添加两个导航选项卡，分别调用/all 和/followed 路由，并在会话中设定正确的值。

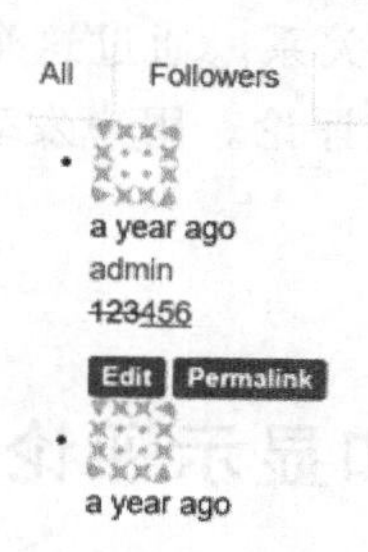

图 11－2 首页中所关注用户发布的文章

第 12 章　用户评论

允许用户交互是社交博客平台成功的关键。在本章,你将学到如何实现用户的评论功能。这里介绍的技术基本上可以直接用在大多数社交应用中。

12.1　评论在数据库中的表示

评论和博客文章没有太大区别,都有正文、作者和时间戳。图 12－1 所示为 comments 表的图解及其与其他数据表之间的关系。

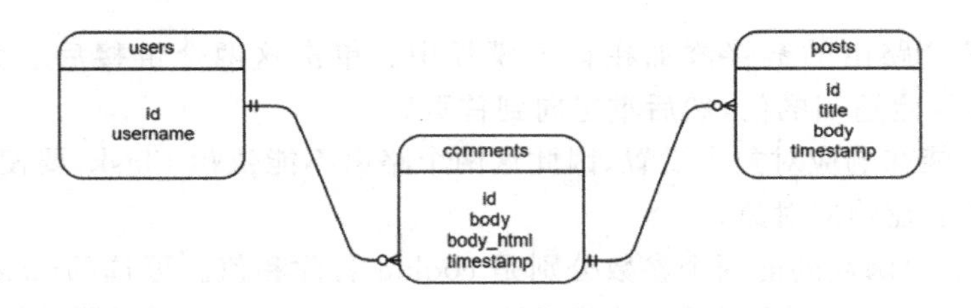

图 12－1　博客文章评论的数据库表示

评论针对于某篇博客文章,因此定义了一个从 posts 表到 comments 表的一对多关系。使用这个关系可以获取某篇博客文章的评论列表。

comments 表还与 users 表之间有一对多关系。通过这个关系可以获取用户发表的所有评论,还能间接知道用户发表了多少篇评论。用户发表的评论数量可以显示在用户资料页面中。

12.2　提交和显示评论

在这个应用中,评论显示在单篇博客文章页面中。这些页面在第 10 章添加固定链接时已经创建。在这些页面中还要有一个提交评论的表单。用来输入评论的表单如示例 12－1 所示。这个表单很简单,只有一个文本字段和一个提交按钮。

示例 12－1　app/main/forms. py:评论输入表单。

```
1.    class CommentForm(FlaskForm):
2.        body = StringField('', validators = [DataRequired()])
```

```
3.     submit = SubmitField('Submit')
```

为了支持评论，/post/<int:id>路由要做些修改，如示例 12-2 所示。

示例 12-2 app/main/views.py：支持博客文章评论。

```
1.  @main.route('/post/<id>', methods=['GET', 'POST'])
2.  def post(id):
3.      post = POSTS_COLLECTION.find_one({'_id': ObjectId(id)})
4.      form = CommentForm()
5.      if form.validate_on_submit():
6.          COMMENTS_COLLECTION.insert_one({'body': form.body.data,
7.                      'post_id': id,
8.                      'user_id': current_user.get_id(),
9.                      'user_name': current_user.get_name(),
10.                     'gravatar':current_user.gravatar(size=40),
11.                         'time':datetime.utcnow()})
12.         flash('Your comment has been published.')
13.         return redirect(url_for('.post', id=id, page=1))
14.
15.     comments = COMMENTS_COLLECTION.find({'post_id': id}).sort('post_time', DESCENDING)
16.     count = len(list(COMMENTS_COLLECTION.find({'post_id': id}).sort('post_time', DE-
    SCENDING)))
17.     page = request.args.get('page', 1, type=int)
18.     per_page = 10
19.     n_comments = comments.skip((page - 1) * per_page).limit(per_page)
20.     pagination = Pagination(page, per_page, count)
21.     if post:
22.         return render_template('post.html', posts=[post], form=form,count=count,
23.                         comments=n_comments, pagination=pagination)
24.     else:
25.         return render_template('404.html')
```

这个视图函数实例化一个评论表单，将其转入 post.html 模板，以便渲染。提交表单后，插入新评论的逻辑与处理博客文章的过程差不多。

文章的评论列表通过 post.comments 一对多关系获取，按照时间戳顺序排列，再使用与博客文章相同的技术分页显示。评论列表对象和分页对象都要传入模板，以便渲染。此外，还要在 config.py 中添加 FLASKY_COMMENTS_PER_PAGE 配置变量，用于控制每页显示的评论数量。

评论在新模板_comments.html 中渲染，这个模板的内容类似于_posts.html，但使用的 CSS 类不同。_comments.html 模板在_posts.html 中引入，放在文章正文下方，后面再调用分页宏。对模板的改动参见 GitHub 中本应用的仓库。

为了完善功能，我们还要在首页和资料页面加上指向评论页面的链接，如示例 12 - 3 所示。

示例 12 - 3　app/templates/_posts.html:链接到博客文章的评论。

```
1.  <ul class = 'posts' >
2.      { % for post in posts % }
3.      <li class = 'post' >
4.          <div class = 'post - thumbnail' >
5.              <a href = '{{ url_for('.user', username = post.user_name) }}' >
6.                  <img class = 'img - rounded profile - thumbnail' src = '{{ post.gravatar}}' >
7.              </a >
8.          </div >
9.          <div class = 'post - content' >
10.             <div class = 'post - date' >{{ moment(post.post_time).fromNow() }}</div >
11.             <div class = 'post - author' ><a href = '{{ url_for('.user', username = post.
                user_name) }}' >{{ post.user_name }}</a ></div >
12.             <div class = 'post - body' >{{ post.body | safe }}</div >
13.             <div class = 'post - footer' >
14.                 { % if current_user.get_id() == post['user_id'] % }
15.                 <a href = '{{ url_for('.edit', id = post._id ) }}' >
16.                     <span class = 'label label - primary' >Edit </span >
17.                 </a >
18.                 { % elif role == 2 % }
19.                 <a href = '{{ url_for('.edit', id = post._id ) }}' >
20.                     <span class = 'label label - danger' >Edit [Admin]</span >
21.                 </a >
22.                 { % endif % }
23.                 <a href = '{{ url_for('.post', id = post._id ) }}' >
24.                     <span class = 'label label - default' >Permalink </span >
25.                 </a >
26.                 <a href = '{{ url_for('.post', id = post._id) }}' >
27.                     <span class = 'label label - primary' >Comments </span >
28.                 </a >
29.             </div >
30.
31.         </div >
32.
33.     </li >
34.     { % endfor % }
35. </ul >
```

注意,链接文本中有评论的数量。评论数量可以使用 SQLAlchemy 提供的 count() 过滤器轻松地从 posts 和 comments 表的一对多关系中获取。

指向评论页的链接结构也值得一说。这个链接的地址是在文章的固定链接后面加上＃comments 后缀。这个后缀称为 URL 片段，用于指定加载页面后滚动条所在的初始位置。Web 浏览器会寻找 id 等于 URL 片段的元素并滚动页面，让这个元素显示在窗口顶部。在 post. html 模板中，滚动条的初始位置被设为“Comments”标题，其 HTML 代码为<h4 id='comments'>Comments</h4>。显示有评论的页面如图 12-2 所示。

图 12-2 博客文章的评论

除此之外，分页导航所用的宏也要做些改动。评论的分页导航链接也要加上＃comments 片段，因此在 post. html 模板中调用宏时，要传入片段参数。

12.3 管理评论

我们在第 9 章定义了几个用户角色，它们分别具有不同的权限。其中一个权限是 Permission. MODERATE，拥有此权限的用户可以管理其他用户的评论。

为了管理评论，我们要在导航栏中添加一个链接，具有此项权限的用户才能看到。这个链接在 base. html 模板中使用条件语句添加，如示例 12-4 所示。

示例 12-4 app/templates/base. html：在导航条中加入管理评论链接。

```
1.  ...
2.          <ul class = 'nav navbar - nav navbar - right'>
3.              {% ifcurrent_user.get_name() == 'admin'  %}
4.              <li><a href = '{{ url_for('main.moderate') }}'>Moderate Comments</a>
                </li>
5.              {% endif %}
6.  ...
```

管理页面中有个列表显示全部文章的评论，而且最近发表的评论显示在前面。每篇评论的下方都会显示一个按钮，用来切换 disabled 属性的值。/moderate 路由的定义如示例 12-5 所示。

示例 12-5　app/main/views.py:管理评论的路由。

```
1.   @main.route('/moderate')
2.   @login_required
3.   def moderate():
4.       comments = COMMENTS_COLLECTION.find({}).sort('time', DESCENDING)   # 所有评论
5.       count = len(list(COMMENTS_COLLECTION.find({}).sort('time', DESCENDING)))
6.       page = request.args.get('page', 1, type = int)
7.       per_page = 10
8.       n_comments = comments.skip((page - 1) * per_page).limit(per_page)
9.       pagination = Pagination(page, per_page, count)
10.      return render_template('moderate.html', comments = n_comments,
11.                             pagination = pagination, page = page)
```

这个函数很简单,它从数据库中读取一页评论,将其传入模板进行渲染。除了评论列表之外,还把分页对象和当前页数传入了模板。

moderate.html 模板也很简单,如示例 12-6 所示,它依靠之前创建的子模板_comments.html 渲染评论。

示例 12-6　app/templates/moderate.html:评论管理页面的模板。

```
1.   {% extends 'base.html' %}
2.
3.   {% block title %}Flasky - Comment Moderation{% endblock %}
4.
5.   {% blockpage_content %}
6.   <div class = 'page - header'>
7.       <h1>Comment Moderation</h1>
8.   </div>
9.   {% setmoderate = True %}
10.  {% include '_comments.html' %}
11.  {% if pagination %}
12.      {% include '_pagination.html' %}
13.  {% endif %}
14.  {% endblock %}
```

这个模板将渲染评论的工作交给_comments.html 模板完成,但把控制权交给从属模板之前,会使用 Jinja2 提供的 set 指令定义一个模板变量 moderate,并将其值设为 True(模板内部参数定义与传递,相当于函数的内部变量)。这个变量用在_comments.html 模板中,决定是否渲染评论管理功能。

_comments.html 模板中显示评论正文的部分要做两方面的修改。对于普通用户(未设定 moderate 变量),不显示标记为有问题的评论。对于协管员(moderate 设为 True),不管评论是否被标记为有问题,都要显示,而且在正文下方还要显示一个用来切换状态的按钮。具体的改动如示例 12-7 所示。

示例 12-7 app/templates/_comments.html:渲染评论的正文。

```
1.  <ul class = 'comments' >
2.      { % for comment in comments % }
3.      <li class = 'comment' >
4.          <div class = 'comment - thumbnail' >
5.              <a href = '{{ url_for('.user', username = comment.user_name) }}' >
6.                  < img class = 'img - rounded profile - thumbnail' src = '{{ comment.grava-
                    tar }}' >
7.              </a >
8.          </div >
9.          <div class = 'comment - content' >
10.             <div class = 'comment - date' >{{ moment(comment.time).fromNow() }}</div >
11.             <div class = 'comment - author' ><a href = '{{ url_for('.user', username = com-
                ment.user_name) }}' >{{ comment.user_name }}</a ></div >
12.             <div class = 'comment - body' >
13.                 {{ comment.body }}
14.             </div >
15.             { % if moderate % }
16.                 <br >
17.                 { % ifcomment.disabled % }
18.                 <a class = 'btn btn - default btn - xs' href = '{{ url_for('.moderate_
                    enable', id = comment._id, pagepage = page) }}' >Enable</a >
19.                 { % else % }
20. <a class = 'btn btn - danger btn - xs' href = '{{ url_for('.moderate_disable', id = comment._
    id, pagepage = page) }}' >Disable</a >
21.                 { % endif % }
22.             { % endif % }
23.         </div >
24.     </li >
25.     { % endfor % }
26. </ul >
27. ...
```

做了上述改动之后,用户将看到一个关于有问题评论的简短提示。协管员既能看到这个提示,也能看到评论的正文。在每篇评论的下方,协管员还能看到一个按钮,用来切换评论的状态。单击按钮后会触发两个新路由中的一个,但具体触发哪一个取决于协管员要把评论设为什么状态。这两个新路由的定义如示例 12-8 所示。

示例 12-8 app/main/views.py:评论管理路由。

```
1.  @main.route('/moderate/enable/<id>')
2.  @login_required
```

```
3.    def moderate_enable(id):
4.        COMMENTS_COLLECTION.update_one({'_id': ObjectId(id)},{'$set': {'disabled':False}})
5.        return redirect(url_for('.moderate',
6.                                page=request.args.get('page', 1, type=int)))
7.
8.
9.    @main.route('/moderate/disable/<id>')
10.   @login_required
11.   def moderate_disable(id):
12.       COMMENTS_COLLECTION.update_one({'_id': ObjectId(id)},{'$set': {'disabled':True}})
13.       return redirect(url_for('.moderate',
14.                               page=request.args.get('page', 1, type=int)))
```

上述启用路由和禁用路由先加载评论对象,把 disabled 字段设为恰当的值,再把评论对象写入数据库。最后,重定向到评论管理页面,如图 12-3 所示,如果查询字符串中指定了 page 参数,会将其传入重定向操作。_comments.html 模板中的按钮指定了 page 参数,重定向后会返回之前的页面。

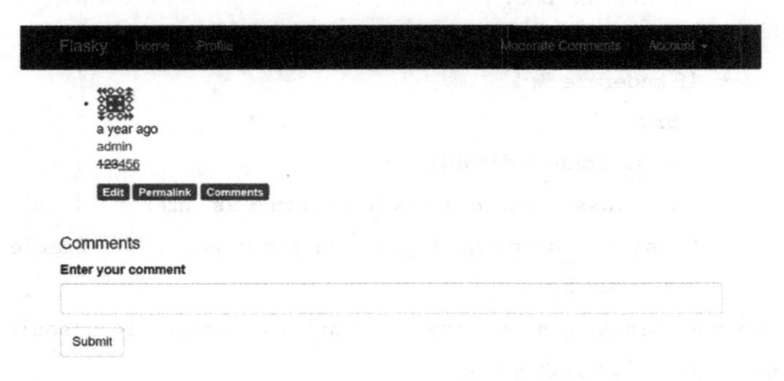

图 12-3 评论管理页面

本章对社交功能的介绍到此结束。第 13 章将讨论如何以 API 的形式开放应用的功能,供智能手机应用等客户端使用。

第 13 章　应用接口

近些年，Web 应用的业务逻辑被越来越多地移到客户端，开创了一种称为富互联网应用（RIA，Rich Internet Application）的架构。在 RIA 中，服务器的主要功能（有时是唯一功能）是为客户端提供数据存取服务。在这种模式中，服务器变成了 Web 服务或应用接口（API，Application Programming Interface）。

RIA 可采用多种协议与 Web 服务通信。远程过程调用（RPC，Remote Procedure Call）协议（例如 XML－RPC）以及由其衍生的简单对象访问协议（SOAP，Simplified Object Access Protocol），在几年前比较受欢迎。最近，表现层状态转移（REST，Representational State Transfer）架构崭露头角，成为 Web 应用的新宠，因为这种架构建立在大家熟识的万维网基础之上。

Flask 是开发 REST 架构 Web 服务的理想框架，因为 Flask 天生轻量。在本章，你将学到如何使用 Flask 实现符合 REST 架构的 API。

13.1 REST 简介

Roy Fielding 在其博士论文 *Architectural Styles and the Design of Network-based Software Architectures* 的第 5 章中描述了 Web 服务的 REST 架构方式，并列出了 6 个符合这一架构定义的特征。

(1) 客户端-服务器

客户端和服务器之间必须有明确的界线。

(2) 无状态

客户端发出的请求中必须包含所有必要的信息。服务器不能在两次请求之间保存客户端的任何状态。

(3) 缓　存

服务器发出的响应可以标记为可缓存或不可缓存，这样出于优化目的，客户端（或客户端和服务器之间的中间服务）可以使用缓存。

(4) 接口统一

客户端访问服务器资源时使用的协议必须一致、定义良好，且已经标准化。这是 REST 架构最复杂的一方面，涉及唯一的资源标识符、资源表述、客户端和服务器之间自描述的消息，以及超媒体（hypermedia）。

(5) 系统分层

在客户端和服务器之间可以按需插入代理服务器、缓存或网关,以提高性能、稳定性和伸缩性。

(6) 按需编程

客户端可以选择从服务器中下载代码,在客户端的上下文中执行。

13.1.1 资源就是一切

资源是 REST 架构风格的核心概念。在 REST 架构中,资源是应用中要着重关注的事物。例如,在博客应用中,用户、博客文章和评论都是资源。

每个资源都要使用唯一的 URL 表示。对 HTTP 协议来说,资源的标识符是 URL。还是以博客应用为例,一篇博客文章可以使用 URL /api/posts/12345 表示,其中 12345 是这篇文章的唯一标识符,使用文章在数据库中的主键表示。URL 的格式或内容无关紧要,只要资源的 URL 只表示唯一的一个资源即可。

某一类资源的集合也要有一个 URL。博客文章集合的 URL 可以是/api/posts/,评论集合的 URL 可以是/api/comments/。

API 还可以为某一类资源的逻辑子集定义集合 URL。例如,编号为 12345 的博客文章,其所有评论可以使用 URL /api/posts/12345/comments/表示。表示资源集合的 URL 习惯在末端加上一个斜线,代表一种"子目录"结构。

注意,Flask 会特殊对待末端带有斜线的路由。如果客户端请求的 URL 的末端没有斜线,而唯一匹配的路由末端有斜线,Flask 会自动响应一个重定向,转向末端带斜线的 URL;反之则不会重定向。

13.1.2 请求方法

客户端应用在建立起的资源 URL 上发送请求,使用请求方法表示期望的操作。若要从博客 API 中获取博客文章列表,客户端可以向 http://www.example.com/api/posts/发送 GET 请求。若要插入一篇新博客文章,客户端可以向同一地址发送 POST 请求,而且请求主体中要包含博客文章的内容。若要获取编号为 12345 的博客文章,客户端可以向 http://www.example.com/api/posts/12345 发送 GET 请求。表 13-1 列出了 REST 式 API 中常用的 HTTP 请求方法。

表 13-1 REST 式 API 使用的 HTTP 请求方法

请求方法	目 标	说 明	HTTP 状态码
GET	单个资源的 URL	获取目标资源	200
GET	资源集合的 URL	获取资源的集合(如果服务器实现了分页,还可以是一页中的资源	200

续表 13-1

请求方法	目标	说明	HTTP 状态码
POST	资源集合的 URL	创建新资源,并将其加入目标集合。服务器为新资源指派 URL,并在响应的 Location 首部中返回	201
PUT	单个资源的 URL	修改一个现有资源。如果客户端能为资源指派 URL,还可用来创建新资源	200 或 204
DELETE	单个资源的 URL	删除一个资源	200 或 204
DELETE	资源集合的 URL	删除目标集合中的所有资源	200 或 204

REST 架构不要求必须为一个资源实现所有的请求方法。如果资源不支持客户端使用的请求方法,响应的状态码为 405(不允许使用的方法)。Flask 会自动处理这种错误。

请求方法不止 GET、POST、PUT 和 DELETE,HTTP 协议还定义了其他方法,例如 HEAD 和 OPTIONS,这些方法由 Flask 自动实现。

13.1.3 请求和响应主体

在请求和响应的主体中,资源在客户端和服务器之间来回传送,但 REST 没有指定编码资源的方式。请求和响应中的 Content-Type 首部用于指明主体中资源的编码方式。使用 HTTP 协议的内容协商机制,可以找到一种客户端和服务器都支持的编码方式。

REST 式 Web 服务常用的两种编码方式是 JavaScript 对象表示法(JSON,JavaScript Object Notation)和可扩展标记语言(XML,Extensible Markup Language)。对基于 Web 的 RIA 来说,JSON 更具吸引力,因为 JSON 比 XML 简洁,而且 JSON 与 Web 浏览器使用的客户端脚本语言 JavaScript 联系紧密。继续以博客 API 为例,一篇博客文章对应的资源可以使用如下的 JSON 表示:

```
{
    'self_url': 'http://www.example.com/api/posts/12345',
    'title': 'Writing RESTful APIs in Python',
    'author_url': 'http://www.example.com/api/users/2',
    'body': '... text of the article here ...',
    'comments_url': 'http://www.example.com/api/posts/12345/comments'
}
```

注意,self_url、author_url 和 comments_url 字段都是完整的资源 URL。这是很重要的表示方法,因为客户端可以通过这些 URL 发掘新资源。

在设计良好的 REST 式 API 中,客户端只需知道几个顶级资源的 URL,其他资源的 URL 则从响应中包含的链接上发掘。这就好比浏览网络时,你在自己知道的网页中点击链接发掘新网页一样。

13.1.4 版　本

在传统的以服务器为中心的 Web 应用中,服务器完全掌控应用。更新应用时,只需在服务器上部署新版本就可更新所有的用户,因为运行在用户 Web 浏览器中的那部分应用也是从服务器上下载的。

但升级 RIA 和 Web 服务要复杂得多,因为客户端应用和服务器上的应用是相互独立的,有时甚至由不同的人开发。你可以考虑一下这种情况,即一个应用的 REST 式 Web 服务被很多客户端使用,其中包括 Web 浏览器和智能手机原生应用。服务器可以随时更新 Web 浏览器中的客户端,但无法强制更新智能手机中的应用,因为更新前先要获得机主的许可。即便机主想更新,也不能保证每个智能手机都更新到服务器端部署的新版本了。

基于以上原因,Web 服务的容错能力要比一般的 Web 应用强,而且还要保证旧版客户端能继续使用。更新 Web 服务一定要格外小心,倘若破坏了向后兼容性,如果客户端没有更新到新版,现有的客户端将无法使用。这一问题的常见解决办法是使用版本区分 Web 服务所处理的 URL。例如,首次发布的博客 Web 服务可以通过/api/v1/posts/提供博客文章的集合。

在 URL 中加入 Web 服务的版本号有助于组织化管理新旧功能,让服务器能为新客户端提供新功能,同时继续支持旧版客户端。博客服务可能会修改博客文章使用的 JSON 格式,通过/api/v2/posts/提供修改后的博客文章,而客户端仍能通过/api/v1/posts/获取旧的 JSON 格式。

提供多版本支持会增加服务器的维护负担,但在某些情况下,这是不破坏现有部署且能让应用不断发展的唯一方式。等到所有客户端都升级到新版之后,可以弃用旧版服务,待时机成熟后再把旧版完全删除。

13.2 使用 Flask 实现 REST 式 Web 服务

使用 Flask 创建 REST 式 Web 服务十分简单。使用熟悉的 route()装饰器及其 methods 可选参数可以声明服务所提供资源 URL 的路由。处理 JSON 数据同样简单,请求中的 JSON 数据可以通过 request.get_json()转换成字典格式,而且可以使用 Flask 提供的辅助函数 jsonify(),从 Python 字典中生成需要包含 JSON 的响应。

以下几小节介绍如何扩展 Flasky,增加一个 REST 式 Web 服务,让客户端访问博客文章及相关资源。

13.2.1 创建 API 蓝本

REST 式 API 相关的路由是应用中一个自成一体的子集。因此,为了更好地组织代码，最好把这些路由放到独立的蓝本中。这个 API 蓝本的基本结构如示例 13 - 1 所示。

示例 13 - 1 API 蓝本的结构。

```
|-flasky
  |-app/
    |-api
      |-__init__.py
      |-users.py
      |-posts.py
      |-comments.py
      |-authentication.py
      |-errors.py
      |-decorators.py
```

如果以后需要创建一个向前兼容的 API 版本，可以再添加一个带版本号的包，让应用同时支持两个版本的 API。

在这个 API 蓝本中，各资源分别在不同的模块中实现。蓝本中还包含处理身份验证、错误及提供自定义装饰器的模块。蓝本的构造文件如示例 13 - 2 所示。

示例 13 - 2 app/api/__init__.py：API 蓝本的构造文件。

```
1.  from flask import Blueprint
2.
3.  api = Blueprint('api', __name__)
4.
5.  from . import authentication, posts, users, comments, errors
```

这个蓝本的包构造文件与其他蓝本的类似。一定要导入蓝本中的所有模块，这样才能注册路由和错误处理程序。因为很多模块要导入 api 包，所以相关模块在底部导入，以防循环依赖导致出错。

注册 API 蓝本的代码如示例 13 - 3 所示。

示例 13 - 3 app/__init__.py：注册 API 蓝本。

```
1.  def create_app(config_name):
2.      # ...
3.      from .api import api as api_blueprint
4.      app.register_blueprint(api_blueprint, url_prefix='/api/v1')
5.      # ...
```

注册 API 蓝本时指定了一个 URL 前缀，因此蓝本中所有路由的 URL 都将以 /api/v1 开头。注册蓝本时设置前缀是个好主意，这样就无须在蓝本的每个路由中硬编码版本号了。

13.2.2 错误处理

REST 式 Web 服务将请求的状态告知客户端时，会在响应中发送适当的 HTTP 状态码，并将额外信息放入响应主体。客户端从 Web 服务得到的常见 HTTP 状态码如表 13－2 所列。

表 13－2 API 返回的常见 HTTP 状态码

HTTP 状态码	名 称	说 明
200	OK(成功)	请求成功
201	Created(已创建)	请求成功，而且创建了一个新资源
202	Accepted(已接收)	请求已接收，但仍在处理中，将异步处理
204	No	Content(没有内容)请求成功处理，但是返回的响应没有数据
400	Bad	Request(坏请求)请求无效或不一致
401	Unauthorized(未授权)	请求未包含身份验证信息，或者提供的凭据无效
403	Forbidden(禁止)	请求中发送的身份验证凭据无权访问目标
404	Not	Found(未找到)URL 对应的资源不存在
405	Method	NotAllowed(不允许使用的方法)指定资源不支持请求使用的方法
500	Internal	ServerError(内部服务器错误)处理请求的过程中发生意外错误

处理 404 和 500 状态码时会遇到点小麻烦，因为这两个错误是由 Flask 自己生成的，而且一般会返回 HTML 响应。这很可能会让 API 客户端困惑，因为客户端期望所有响应都是 JSON 格式。

为所有客户端生成适当响应的一种方法是，在错误处理程序中根据客户端请求的格式改写响应，这种技术称为内容协商。示例 13－4 是改进后的 404 错误处理程序，它向 Web 服务客户端发送 JSON 格式响应，除此之外则发送 HTML 格式响应。500 错误处理程序的写法类似。

示例 13－4 app/api/errors.py：使用 HTTP 内容协商机制处理 404 错误。

```
1.  @main.app_errorhandler(404)
2.  from flask import jsonify
3.  from . import api
4.
5.  class ValidationError(ValueError):
6.      pass
7.
8.  def bad_request(message):
9.      response = jsonify({'error': 'bad request', 'message': message})
10.     response.status_code = 400
```

```
11.     return response
12.
13.
14. def unauthorized(message):
15.     response = jsonify({'error': 'unauthorized', 'message': message})
16.     response.status_code = 401
17.     return response
18.
19.
20. def forbidden(message):
21.     response = jsonify({'error': 'forbidden', 'message': message})
22.     response.status_code = 403
23.     return response
24.
25.
26. @api.errorhandler(ValidationError)
27. def validation_error(e):
28.     return bad_request(e.args[0])
```

API 蓝本中的视图函数在必要时可以调用这些辅助函数生成错误响应。

13.2.3 使用 Flask-HTTPAuth 验证用户身份

与普通 Web 应用一样，Web 服务也需要保护信息，确保未经授权的用户无法访问。为此，RIA 必须询问用户的登录凭据，并将其传给服务器进行验证。前面说过，REST 式 Web 服务的特征之一是无状态，即服务器在两次请求之间不能“记住”客户端的任何信息。客户端必须在发出的请求中包含所有必要信息，因此所有请求都必须包含用户凭据。

Flasky 应用当前的登录功能是在 Flask-Login 的帮助下实现的，数据存储在用户会话中。默认情况下，Flask 把会话保存在客户端 cookie 中，因此服务器没有保存任何用户相关信息，都转交给客户端保存。这种实现方式看起来遵守了 REST 架构的无状态要求，但在 REST 式 Web 服务中使用 cookie 有点不现实，因为 Web 浏览器之外的客户端很难提供对 cookie 的支持。鉴于此，在 API 中使用 cookie 并不是一个很好的设计选择。

REST 架构的无状态要求看起来似乎过于严格，但这并不是随意提出的要求——无状态的服务器伸缩起来更加简单。如果服务器保存了客户端的相关信息，那么必须保证特定客户端发送的请求由同一台服务器处理，或者使用共享存储器存储客户端数据。这两点都难以实现，但是如果服务器是无状态的，这两个问题也就不复存在。

因为 REST 架构基于 HTTP 协议，所以发送凭据的最佳方式是使用 HTTP 身份验证，基本验证和摘要验证都可以。在 HTTP 身份验证中，用户凭据包含在每个请求的 Authorization 首部中。

HTTP 身份验证协议很简单,可以直接实现,不过 Flask-HTTPAuth 扩展提供了一个便利的包装,把协议的细节隐藏在装饰器之中,类似于 Flask-Login 提供的 login_required 装饰器。

Flask-HTTPAuth 使用 pip 安装:

```
(venv) $ pip install flask - httpauth
```

若想使用 HTTP 基本验证初始化这个扩展,要创建一个 HTTPBasicAuth 类对象。与 Flask-Login 一样,Flask-HTTPAuth 不对验证用户凭据所需的步骤做任何假设,所需的信息在回调函数中提供。示例 13 - 5 展示了如何初始化 Flask-HTTPAuth 扩展,以及如何在回调函数中验证凭据。

示例 13 - 5 app/api/authentication. py:初始化 Flask-HTTPAuth。

```
1.  from flask import g, jsonify, request, url_for
2.  from flask_httpauth import HTTPBasicAuth
3.  from ..models import User, AnonymousUser
4.  from . import api
5.  from .errors import unauthorized, forbidden
6.
7.  auth = HTTPBasicAuth()
8.  from .. import DATABASE, USERS_COLLECTION,POSTS_COLLECTION,FOLLOWERS_COLLECTION,COM-
    MENTS_COLLECTION
9.  from bson.objectid import ObjectId
10. from datetime import datetime
11. from pymongo import DESCENDING, ASCENDING
12.
13. from ..models import Pagination
14.
15. @auth.verify_password
16. def verify_password(email_or_token, password):
17.     if email_or_token == '':  # 匿名用户
18.         g.current_user = AnonymousUser()
19.         return True
20.     if password == '':  # 验证 token
21.         id = User.verify_auth_token(email_or_token)
22.         g.current_user = User(id)
23.         g.token_used = True
24.         return True
25.     user = USERS_COLLECTION.find_one({'email': email_or_token}) # 验证 email
26.     if not user:
27.     return False
28.     g.current_user = User(str(user['_id']))
29.     g.token_used = False
```

```
30.    res = User.validate_login(user['password'],password)  # 验证账号密码
31.    return res
32.
33.
34.  @auth.error_handler
35.  def auth_error():
36.      return unauthorized('Invalid credentials')
37.
38.
39.  @api.before_request
40.  @auth.login_required# 需要登录验证或 token 验证
41.  def before_request():
42.      if not g.current_user.is_anonymous and \
43.              not g.current_user.is_confirmed:
44.          return forbidden('Unconfirmed account')
45.
46.
47.  @api.route('/token')
48.  def get_token():
49.      if g.token_used:
50.          return unauthorized('token_used')
51.      return jsonify({'token': g.current_user.generate_auth_token(
52.          expiration=3600),'expiration': 3600})  # 1h
53.
54.  @api.route('/current_user')
55.  def get_current_user():
56.      if g.current_user.get_id():
57.          user = USERS_COLLECTION.find_one({'_id': ObjectId(g.current_user.get_id())})
58.          user['_id'] = g.current_user.get_id()
59.          return jsonify(user)
60.      else:
61.          return jsonify({'error':'Invalid token'})
```

电子邮件和密码使用 User 模型中现有的方法验证。如果登录凭据正确,则这个验证回调函数返回 True,否则返回 False。如果请求中没有身份验证信息,Flask-HTTPAuth 也会调用回调函数,把两个参数都设为空字符串。此时,email 的值是一个空字符串,回调函数立即返回 False 以阻断请求。某些应用遇到这种情况时可以返回 True,允许匿名用户访问。这个回调函数把通过身份验证的用户保存在 Flask 的上下文变量 g 中,供视图函数稍后访问。

由于每次请求都要传送用户凭据,API 路由最好通过安全的 HTTP 对外开放,在传输中加密全部请求和响应。

如果身份验证凭据不正确,则服务器向客户端返回 401 状态码。默认情况下,Flask-HTTPAuth 自动生成这个状态码,但为了与 API 返回的其他错误保持一致,我们可以自定义这个错误响应。

现在,API 蓝本中的所有路由都能自动验证身份。此外,before_request 处理程序还会拒绝已通过身份验证但还没有确认账户的用户。

13.2.4 基于令牌的身份验证

每次请求,客户端都要发送身份验证凭据。为了避免总是发送敏感信息(例如密码),我们可以使用一种基于令牌的身份验证方案。

在基于令牌的身份验证方案中,客户端先发送一个包含登录凭据的请求,通过身份验证后,得到一个访问令牌。这个令牌可以代替登录凭据对请求进行身份验证。出于安全考虑,令牌有过期时间。令牌过期后,客户端必须重新发送登录凭据,获取新的令牌。令牌短暂的使用期限,可以降低令牌落入他人之手所导致的安全隐患。为了生成和核查身份验证令牌,我们要在 User 模型中定义两个新方法。这两个新方法用到了 itsdangerous 包,如示例 13 - 6 所示。

示例 13 - 6 app/models. py:支持基于令牌的身份验证。

```
1.  class User(db.Model):
2.      # ...
3.      def generate_auth_token(self, expiration):
4.          s = Serializer(current_app.config['SECRET_KEY'],
5.                         expires_in = expiration)
6.          return s.dumps({'id': self.id}).decode('utf-8')
7.
8.      @staticmethod
9.      def verify_auth_token(token):
10.         s = Serializer(current_app.config['SECRET_KEY'])
11.         try:
12.             data = s.loads(token)
13.         except:
14.             return None
15.         return User.query.get(data['id'])
```

generate_auth_token()方法使用编码后的用户 id 字段值生成一个签名令牌,还指定了以秒为单位的过期时间。verify_auth_token()方法接受的参数是一个令牌,如果令牌有效就返回对应的用户。verify_auth_token()是静态方法,因为只有解码令牌后才能知道用户是谁。

为了能够使用令牌验证请求,我们必须修改 Flask-HTTPAuth 提供的 verify_password 回调,除了普通的凭据之外,还要接受令牌。修改后的回调如示例 13 - 7 所示。

示例 13-7 app/api/authentication.py:改进核查回调,支持令牌。

```
1.   @auth.verify_password
2.   def verify_password(email_or_token, password):
3.       if email_or_token == '':  # 匿名用户
4.           g.current_user = AnonymousUser()
5.           return True
6.       if password == '':  # 验证 token
7.           id = User.verify_auth_token(email_or_token)
8.           g.current_user = User(id)
9.           g.token_used = True
10.          return True
11.      user = USERS_COLLECTION.find_one({'email': email_or_token}) # 验证 email
12.      if not user:
13.      return False
14.      g.current_user = User(str(user['_id']))
15.      g.token_used = False
16.      res = User.validate_login(user['password'],password)  # 验证账号密码,布尔值
17.      return res
```

在这个新版本中,第一个参数可以是电子邮件地址,也可以是身份验证令牌。如果这个参数为空,那就和之前一样,假定是匿名用户。如果密码为空,那就假定 email_or_token 参数提供的是令牌,按照令牌的方式进行验证。如果两个参数都不为空,那么假定使用常规的邮件地址和密码进行验证。在这种实现方式中,基于令牌的身份验证是可选的,由客户端决定是否使用。为了让视图函数能区分这两种身份验证方法,我们添加了 g.token_used 变量。

把身份验证令牌发送给客户端的路由也要添加到 API 蓝本中,具体实现如示例 13-8 所示。

示例 13-8 app/api/authentication.py:生成身份验证令牌。

```
1.   @api.route('/tokens/', methods = ['POST'])
2.   def get_token():
3.       if g.current_user.is_anonymous or g.token_used:
4.           return unauthorized('Invalid credentials')
5.       return jsonify({'token': g.current_user.generate_auth_token(
6.           expiration = 3600),'expiration': 3600})
```

因为这个路由也在蓝本中,所以添加到 before_request 处理程序上的身份验证机制也会用在这个路由上。为了确保这个路由使用电子邮件地址和密码验证身份,而不使用之前获取的令牌,我们检查了 g.token_used 的值,拒绝使用令牌验证身份。这样做是为了防止用户绕过令牌过期机制,使用旧令牌请求新令牌。这个视图函数返回 JSON 格式的响应,其中包含过期时间为 1 小时的令牌。过期时间也在 JSON 响应中。

作者使用 ipython 进行 API 测试,使用的库为 requests,优点就是可以直观可视请求结果,方便调试。

13.2.5 基于 JWT 的身份验证

flask_jwt_extended 是 Flask 框架中的一个扩展,用于在 Flask 应用程序中实现 JSON Web Token(JWT)身份验证和授权。具体来说,flask_jwt_extended 扩展提供了以下功能:

① 生成和验证 JWT 令牌,用于身份验证和授权;

② 支持黑名单和令牌刷新,使得可以撤销令牌,提高安全性;

③ 支持令牌过期和刷新令牌的自动续期;

④ 支持自定义载荷和令牌类型,满足不同的应用需求;

⑤ 支持 Flask-RESTful 和 Flask-GraphQL 等常见扩展,方便集成到现有的 Flask 应用中。

总之,flask_jwt_extended 扩展可以使得在 Flask 应用程序中使用 JWT 身份验证变得更加简单和安全,示例如下:

```
1.    from flask_jwt_extended import create_access_token,create_refresh_token,get_jwt,get_
      jwt_identity, jwt_required, JWTManager
2.
3.    #这些 header 辅助参数证明是来自相同的起源,在浏览器开发者工具中,可以看到 Sec -
      #Fetch - Site: same - origin
4.    @app.after_request
5.    def after_request(response):
6.        response.headers.add('Access - Control - Allow - Origin', '*')
7.        response. headers. add ('Access - Control - Allow - Headers', 'Content-Type,
          Authorization')
8.        response.headers.add('Access - Control - Allow - Methods', 'GET,PUT,POST,DELETE,
          OPTIONS')
9.        return response
10.
11.   #初始配置
12.   app.config['JWT_SECRET_KEY'] = 'jwt - secret - string - example'
13.   app.config['JWT_ACCESS_TOKEN_EXPIRES'] = datetime.timedelta(minutes = 24 * 60)
      # ACCESS_TOKEN 有效时间为 240 分钟,4 个小时,我把它调整为一天
14.   app.config['JWT_REFRESH_TOKEN_EXPIRES'] = datetime.timedelta(days = 30)
      # REFRESH_TOKEN 有效时间为 1 个月
15.
16.   #实例化
17.   api = Api(app)
18.   jwt = JWTManager(app)
19.
```

```
20.    #检测 token 是否存在的装饰器
21.    @jwt.token_in_blocklist_loader
22.    def check_if_token_in_blacklist(jwt_header, jwt_payload: dict):
23.        jti = jwt_payload['jti']
24.        return is_jti_blacklisted(jti)
25.
26.    #查看令牌是否在黑名单中,这里对 token 专门提供了一个数据表单
27.    def is_jti_blacklisted(jti):
28.        if db.token_collection.count_documents({"jti": jti}) != 0:
29.            return True
30.        else:
31.            return False
32.
33.    #创建一个初始用户,这个函数值得借鉴,当文档长度为 0 是初始化一个 admin,不会重复插入数据
34.    def create_initial_user():
35.        # temp_dict = {"email": app.config["INITIAL_USERNAME"], "password": app.config
       ["INITIAL_PASSWORD"]}
36.        temp_dict = {"email": app.config["INITIAL_USERNAME"], "password": app.config["
       INITIAL_PASSWORD"]}
37.        if db.user_collection.count_documents({"email": app.config["INITIAL_USERNAME"]})
!= 0:
38.            print("[*] Found Initial User")
39.            filter = {"email": app.config["INITIAL_USERNAME"]}
40.            record = user_collection.update_one(filter, {"$set": temp_dict})
41.        else:
42.            print("[*] Adding Initial User")
43.            user_collection.update_one(temp_dict, {'$set':temp_dict}, upsert=True)
44.
45.
46.    #生成一个 demo 的请求 API,具体测试页面,请求网址: http://127.0.0.1:5000/api/demos,
47.    class Demo(Resource):
48.        @jwt_required()
49.        def get(self):
50.            time.sleep(1)
51.            scans = demo_collection.aggregate([{"$project": {'id': '$_id', 'name': 1,
           'category': 1, 'test_object': 1, '_id': 0}}, ])
52.            return dumps(scans)
53.    api.add_resource(Demo, '/api/demos')
54.
55.
56.    #用户登录
57.    class Login(Resource):
58.        def post(self):
```

```
59.            email = request.json.get("email", None)
60.            password = request.json.get("password", None)  # 这是一个非常谨慎的程序员,
               #杜绝任何一个产生 BUG 的可能
61.            if (email is None) or (password is None):
62.                return {"msg": "Wrong Email or Password!"}, 401  # 返回一个 401 错误
63.            temp_doc = user_collection.find_one({'email':email}, {})
64.            if db.user_collection.count_documents({"email": email}) != 0:
65.                if sha256_crypt.verify(password, temp_doc['password']):
                   # 对登录用户密码进行验证
66.                    print("[*] Successfully Verified User")
67.                    access_token = create_access_token(identity=email)# 生成一个短期
                       的 access_token
68.                    refresh_token = create_refresh_token(identity=email)# 生成一个长
                       期的 refresh_token
69.                    response = {"msg":"Successfully Authenticated", "access_token": ac-
                       cess_token, "refresh_token": refresh_token}
                       # 登录成功之后返回的参数
70.                    '''
71.                        在前端 login.js 中,看到对两种请求均进行了请求头设置,但是并没
                           有用到 refresh_token
72.                        axios.defaults.headers.post['Authorization'] = 'Bearer ' + temp_
                           token;
73.                        axios.defaults.headers.get['Authorization'] = 'Bearer ' + temp_
                           token;
74.                        localStorage.setItem('access_token', temp_token);
75.                        注意此处,这里将参数保存在系统的缓存中,而不是以明文的形式保存
                           在 Cookies 中
76.                    '''
77.                    return response
78.                else:
79.                    return {"msg": "Wrong Email or Password!"}, 401
80.            else:
81.                return {"msg": "Wrong Email or Password!"}, 401
82.    api.add_resource(Login, '/api/login')
83.
84.    #退出登录
85.    class Logout(Resource):
86.        @jwt_required()# 这里需要登录装饰器,类似于 login 库,下面是 login_required
87.        def get(self):
88.            time.sleep(1)
89.            jti_data = get_jwt()  # 存放 jti 数据的对象
90.            id = get_jwt_identity()  # 指向的就是 email
91.            jti = jti_data['jti']
```

```
92.             try:
93.                 if is_jti_blacklisted(jti): # 是否在黑名单
94.                     pass
95.                 else:
96.                     revoked_token = RevokedToken(id, jti)  # 撤销令牌
97.                     revoked_token.add() # 已经撤销令牌的列表,可以通过 recoked 检查一
                        #个令牌是否已被撤销
98.                 return {'msg': 'Access Token has been Revoked'}
99.             except Exception as e:
100.                print(e)
101.                return {'msg': 'Something Went Wrong Revoking Access Token'}, 500
                # 如果位置错误,则返回一个 500 的服务器错误代码
102.    api.add_resource(Logout, '/api/logout')  # 退出登录的路由
103.
104.    #重点:如何刷新令牌
105.    class TokenRefresh(Resource):
106.        @jwt_required(refresh = True)
107.        def post(self):
108.            current_user = get_jwt_identity()  # 和携带 id 信息的 login 一样
109.            access_token = create_access_token(identity = current_user)
            # 生成一个短期的 access_token
110.            return {'access_token': access_token}
111.    api.add_resource(TokenRefresh, '/api/refresh')
112.
113.    class ValidateToken(Resource):
114.        @jwt_required()
115.        def get(self):
116.            try:
117.                jti_data = get_jwt()
118.                jti = jti_data['jti']
119.                print(jti)
120.                if is_jti_blacklisted(jti):
121.                    return {'msg': 'Revoked'}
122.                else:
123.                    return {'msg': 'Not Revoked'}
124.            except Exception as e:
125.                print(e)
126.                return {'msg': 'Invalid JWT'}
127.    api.add_resource(ValidateToken, '/api/validate')  # 验证令牌是否被撤销
128.
129.
130.    class RevokedToken:
131.        def __init__(self, ident, jti):
```

```
132.            self.id = ident
133.            self.jti = jti
134.            self.temp_dict = {"id":self.id, "jti":self.jti}
135.
136.        def add(self):
137.            # 在 token_collection 数据表单中插入被撤销的令牌,temp_dict = {"id":self.
                id, "jti":self.jti}
138.            token_collection.insert_one(self.temp_dict, {'$set':self.temp_dict})
139.
140.    if __name__ == '__main__':
141.        app.run(threaded = True, port = 5000)
```

当 Flask 中的 access_token 失效时,可以通过以下步骤进行处理:

① 获取新的 access_token:需要根据具体的授权方式和 API 提供商的规定,重新获取一个新的 access_token。

② 更新旧的 access_token:如果旧的 access_token 可以通过刷新令牌来更新,则可以使用刷新令牌来更新旧的 access_token。

③ 提示用户重新登录:如果旧的 access_token 无法更新,则需要提示用户重新登录并获取新的 access_token。在提示用户重新登录时,可以提供一个链接或按钮,使用户可以直接跳转到授权页面进行重新登录。

总之,当 Flask 中的 access_token 失效时,需要根据具体的情况来进行处理,以保证 API 的正常调用。

13.2.6 资源和 JSON 的序列化转换

此处有别于关系型数据库,非关系型数据库的返回格式 BSON 本身就是和 JSON 一样的键值对,因此只需要将其格式进行强制转换就行,如示例 13-9 所示。

示例 13-9 api/posts.py:把文章转换成 JSON 格式的序列化字典。

```
1.  from flask import jsonify, request, g, abort, url_for, current_app
2.  from . import api
3.  from .errors import forbidden
4.
5.
6.  @api.route('/posts/')
7.  def get_posts():
8.      page = request.args.get('page', 1, type = int)
9.      pagination = Post.query.paginate(
10.         page, per_page = current_app.config['FLASKY_POSTS_PER_PAGE'],
11.         error_out = False)
12.     posts = pagination.items
13.     prev = None
14.     if pagination.has_prev:
```

```
15.         prev = url_for('api.get_posts', page = page - 1, _external = True)
16.     next = None
17.     if pagination.has_next:
18.         next = url_for('api.get_posts', page = page + 1, _external = True)
19.     return jsonify({
20.         'posts': [post.to_json() for post in posts],
21.         'prev': prev,
22.         'next': next,
23.         'count': pagination.total
24.     })
```

13.2.7 实现资源的各个端点

接下来我们要实现处理不同资源的路由。GET 请求往往是最简单的,因为它们只返回信息,而不做任何改动。示例 13-10 是博客文章的两个 GET 请求处理程序。

示例 13-10 app/api/posts.py:文章资源 GET 请求的处理程序。

```
1.  @api.route('/posts/')   # 测试
2.  def get_posts():
3.      posts = POSTS_COLLECTION.find({}).sort('post_time', DESCENDING)
4.      count = len(list(POSTS_COLLECTION.find({}).sort('post_time', DESCENDING)))
5.      page = request.args.get('page', 1, type = int)
6.      per_page = 20
7.      n_posts = posts.skip((page - 1) * per_page).limit(per_page)
8.      pagination = Pagination(page, per_page, count)
9.      n_posts_new = []
10.     for i in n_posts:
11.         i['_id'] = str(i['_id'])   # Object 不能序列化
12.         n_posts_new.append(i)
13.     prev = None
14.     if pagination.has_prev:
15.         prev = url_for('api.get_posts', page = page - 1)
16.     next = None
17.     if pagination.has_next:
18.         next = url_for('api.get_posts', page = page + 1)
19.     return jsonify({
20.         'posts': n_posts_new,
21.         'prev_url': prev,
22.         'next_url': next,
23.         'count': count
24.     })
```

表 13-3 所列为博客系统资源端点请求方法说明。

表 13-3　博客系统资源端点请求方法说明

资源 URL	方　法	说　明
/users/<int:id>	GET	返回一个用户
/users/<int:id>/posts/	GET	返回一个用户发布的所有博客文章
/users/<int:id>/timeline/	GET	返回一个用户所关注用户发布的所有文章
/posts/	GET	返回所有博客文章
/posts/	POST	创建一篇博客文章
/posts/<int:id>	GET	返回一篇博客文章
/posts/<int:id>	PUT	修改一篇博客文章
/posts/<int:id/>comments/	GET	返回一篇博客文章的评论
/posts/<int:id/>comments/	POST	在一篇博客文章中添加一条评论
/comments/	GET	返回所有评论
/comments/<int:id>	GET	返回一条评论

注意,这些资源只实现了 Web 应用提供的部分功能。支持的资源可以按需扩展,比如提供关注者资源、支持评论管理,以及 API 客户端需要的其他功能。

13.3　使用 Jupyter notebook 测试 Web 服务

作者习惯用 jupyter notebook 进行测试,主要用到 requests 库,具体代码如示例 13-11 所示。

示例 13-11　test/test api. ipynb:代码测试。

```
1.   import requests
2.   import json
3.   from base64 import b64encode
4.
5.   def get_api_headers(username, password):
6.       return {
7.           'Authorization': 'basic ' + b64encode(
8.               (username + ':' + password).encode('utf-8')).decode('utf-8'),
9.           'Accept': 'application/json',
10.          'Content-Type': 'application/json'
11.      }
12.
13.  def test_token_auth(username, password):
14.      response = requests.get('http://127.0.0.1:5000/api/v1_0/token',
15.                              headers = get_api_headers(username, password))
```

```
16.        json_response = json.loads(response.content)
17.        print(json_response)
18.        token = json_response.get('token')
19.        return token
```

① 使用账号密码获取 token：

```
get_api_headers('admin@flasky.com', '123456')
```

{'Accept': 'application/json',
'Authorization': 'basic YWRtaW5AZmxhc2t5LmNvbToxMjM0NTY=',
'Content-Type': 'application/json'}

```
token =  test_token_auth('admin@flasky.com', '123456')
```

{'expiration': 3600, 'token': 'eyJhbGciOiJIUzUxMiIsImlhdCI6MTY0OTk0NjkyNCwiZXhwIjoxNjQ5OTUwNTI0fQ.eyJpZCI6IjYyNTE0MDIxZmI5M2UwNTgyZjE4NjliMyJ9.VaaIdTk0-NIrLxb6BBgpyHURht73a7WhLLasX4M6KTh6umG5edhdl_1vpnR2pzq3uGc_jDXU5LAYAVfTpGjRFQ'}

② 使用 token 获取 token：

```
token2 = test_token_auth(token,'')  # 这样做是为了防止用户绕过令牌过期机制，使用旧令牌请求新令牌
```

{'error': 'unauthorized','message': 'token_used'}

③ 使用 token 获取 user 信息：

```
defcurrent_user(username_or_token, password):
    response = requests.get('http://127.0.0.1:5000/api/v1_0/current_user',
                            headers=get_api_headers(username_or_token, password))
    json_response = json.loads(response.text)
    returnjson_response

current_user(token,'')
```

{'_id': '62514021fb93e0582f1869b3',
'about_me': 'Illum praesentium facilis adipisci iusto nobis similique nisi. Explicabo delectus tempora officia repellendus neque assumenda. Consectetur tempore eum iste unde quae odio quam.',
'confirmed': True,
'email': 'admin@flasky.com',
'last_seen': 'Thu, 14 Apr 2022 14:34:13 GMT',
'name': 'admin',
'password': 'pbkdf2:sha256:150000$MoK53hlG$2b6cef03bd24b3803d3db0c9f66dc08be4b9f7412ccee1a46b55190a0a69f322',
'register_time': 'Sat, 09 Apr 2022 08:13:21 GMT',

```
    'role': 2,
    'username': 'admin'}
```

④ 使用 token 获取 posts 信息:

```
defget_posts(username_or_token, password):
    response = requests.get('http://127.0.0.1:5000/api/v1_0//posts',
                            headers = get_api_headers(username_or_token, password))
    json_response = json.loads(response.content)
    returnjson_response
```

祝贺你！第二部分到此结束。至此，Flasky 的功能开发阶段就完全结束了。很显然，下一步要部署应用。在部署过程中，我们会遇到新的挑战，这就是第三部分的主题。

第三部分　实例:Web 3.0 商城

第 14 章　Web 3.0 简易商城

Web 3.0 被誉为下一代互联网,虽然存在着一些弊端,国内还需要很长的时间才有可能接入以太坊,但其基于去中心化的交易模式从某种程度上确实可以更好地保护用户隐私、防范互联网巨头的数据垄断。本着从学习新技术的角度探索,笔者将使用 Flask、MetaMask 实现 Web 3.0 简易商城,直观比对其与现有商城系统(Web 2.0)交易流程的差别。

14.1 区块链

区块链是计算机网络上多个节点之间共享的分布式永久数据库。它们以一种不可能修改或破解系统的方式记录数据。具体来说,就像它的名字一样,区块链将数据记录为一个区块链。每个区块都包含一组交易,这些交易可以在网络上传输资产,或者更新存储在区块链上的信息。

区块链是由中本聪在 2008 年发布比特币网络时推广的。比特币是一种加密货币网络,它主要处理 BTC 资产在网络上的转移,没有受信任的中间人或权威机构,同时确保网络本身是安全的,不会被黑客入侵。随着时间的推移,比特币的这种设计激发了其他更强大的区块链网络的出现,比如以太坊。

如图 14-1 所示,以太坊的状态有数以百万计的交易。这些交易被分组为“块”。块包含一系列交易,并且每个块与其先前的块链接在一起。这些块以加密验证的方式

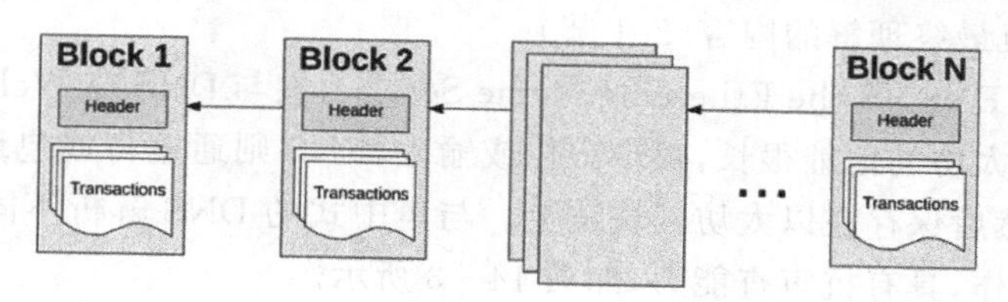

图 14-1　以太坊交易块示意图

链接,因此它们在历史上是可追溯的。

区块链是一个去中心化的网络,与以集中式存储数据的传统方法相比,其最大优势是具备抗审查性,即没有单一的权威或中间人可以审查。当然,这也是它最大的缺陷,当虚拟币和主权货币联通时,一些灰黑产业更加肆意。

14.2 Web 3.0

Web 3.0 的概念是由以太坊联合创始人 Gavin Wood 在 2014 年提出的,指基于区块链的去中心化在线生态系统,它代表了下一代互联网时代。目前 Web 3.0 仍处于起步阶段,但是发展非常迅猛,其去中心化等特点使得人们更容易建设一个开放的网络生态。

Web 1.0 是静态和“只读”的,而 Web 2.0 是“读写”和交互式的。在 Web 2.0 下,互联网变得更加可用:用户可以自己在互联网上消费、互动和创建内容。在我们今天所知的中心化互联网中,Apple 可以从所有付费应用下载和应用购买中抽取 30%的分成,Twitter 和 Facebook 可以禁止美国总统的账户,更不用说普通用户的隐私和安全性。

从图 14-2 所示可以看出,Web 3.0 之前需要开发登录、注册功能,让用户绑定邮箱、绑定手机,需要搭建数据库来存储用户注册信息及用户交互数据,尤其交易记录为实名制;Web 3.0 系统中用户可以直接通过钱包登录,交易记录为匿名制。

图 14-2 Web 发展简史

14.2.1 以太坊域名(ENS)

以往,在网上探索信息的唯一方法是输入 URL,DNS 就会负责将其翻译成相应的 IP,这就是计算机最终理解的内容(2.1 节)。

以太坊域名 ENS,即 the Ethereum Name Service,它与 DNS 在 Web 2.0 的操作非常相似。由于以太坊的地址很长,很难记住或输入,ENS 则通过将钱包地址、哈希值等翻译成可读域,然后保存在以太坊区块链上。与集中式的 DNS 解析不同,ENS 在智能合约的帮助下工作,具有抗审查能力,如图 14-3 所示。

ENS 名称注册在 https://app.ens.domains,打开网站后,链接 MetaMask 钱包(见下一小节)搜索你想注册 ENS 域名,如果没有被注册,则可以继续付费完成注册。

如果使用前端代码实现 Dapp (Decentralized Application，去中心化应用)的部属，则需要用 GitHub 登录 Vercel，如 ENS dApp repo。Vercel 的前身叫 ZEIT，其产品有 Next. js、Hyper、socket. io、mongoose 等。Vercel 的定位是零配置的静态资源和无服务器云计算(serverless)部署平台，其实质是 AWS 的 lambda，可以部署在全球多个地区的 AWS 服务器，利用 Vercel 的 Edge network 实现让访客访问到离自己最近的内容，以提高网站速度。目前 Vercel 支持 node. js、Python、Go、Ruby 等几种后端语言。

图 14-3 通过 ENS 链接用户

14.2.2 区块链存储

作为数据库，区块链是一个不可变的数字交易账本，分布在多个计算机网络上。它使我们能够存储数据，即 NFT 元数据，并以与任何其他数据库相同的方式检索它们。

链上是指直接在区块链上发生的经过验证的活动或交易。在这种情况下，将文件直接上传到区块链，然而在区块链上存储大文件的成本可能非常昂贵。截至目前，1 GB 的存储在区块链上的成本约上千美元，比传统存储贵数千倍。这可能会降低区块链系统的性能，并使维护变得非常困难。感兴趣的读者，可以了解 IPFS、Filecoin、Arweave。

链下是指发生在区块链之外的活动或交易。在这种情况下，链下资产是不直接上传到区块链上的文件，这类非交易的数据可以上传至 IPFS 或传统数据库。

14.3 MetaMask

Metamask 由 AaronDavis 和区块链技术解决方案公司 ConsenSys 于 2016 年创立，是作为 API 解决方案构建的。尽管它已经存在了将近五年，但随着 NFT 市场和 Dapp 的飙升，它最近才变得非常突出。

据制造商 ConsenSys 称，基于以太坊的钱包现已在全球范围内拥有超过 500 万活跃用户。在最近的里程碑之前，Metamask 从成立到 2020 年 9 月的用户仅略超过 400 000。特别的是，Metamask 用户在 2020 年 10 月增长了 125%以上，达到 100 万活跃用户，大约在同一时间它开始吸引 NFT 领域的更多关注。虽然 Metamask 最初作为桌面应用程序提供，但随后于 2020 年 9 月作为移动应用程序在 iOS 和 Android 设备上发布。

值得注意的是，由于多种原因，Metamask 钱包非常出色，其中一些原因包括该平台的整体用户体验/界面和安全性。在安全性方面，Metamask 提供了一种独一无二的智能加密解决方案，能够将用户的密码和私钥等数据安全地存储在用户的设备上，而不是链上。此外，钱包允许用户同步多个钱包及在以太坊主网和主要测试网之间切换，包括最适用的 BinanceSmartChain 主网。

Metamask 的工作方式远非火箭科学，因为如前所述，它很容易集成到任何浏览器上，并且更容易连接到尽可能多的以太坊钱包。该钱包不需要下载，只需要在浏览器添加对应的扩展程序即可，使用起来十分方便。

添加插件：以谷歌浏览器 Chrome 为例，访问 MetaMask 官网(metamask.io)，没有账号可以点击注册一个账号，具体步骤按流程申请即可，一定要保存好自己的账户助记词(顺序不能乱)。

浏览器扩展：进入 MetaMask-Chrome 应用商店(chrome://extensions/)，安装好插件，如图 14-4 所示。

我的第一个钱包地址：0x87832dE25046DAf58b63F94865cD70D82F049bBA，其本质指一个一个公钥(开放的\不变的 token)。访问水龙头网站 https://faucets.chain.link/rinkeby，通过钱包进行链接登录，然后将钱包地址填入领取表单，即可领取 0.1 的 ETH 货币，这一步笔者失败了，但无关紧要。

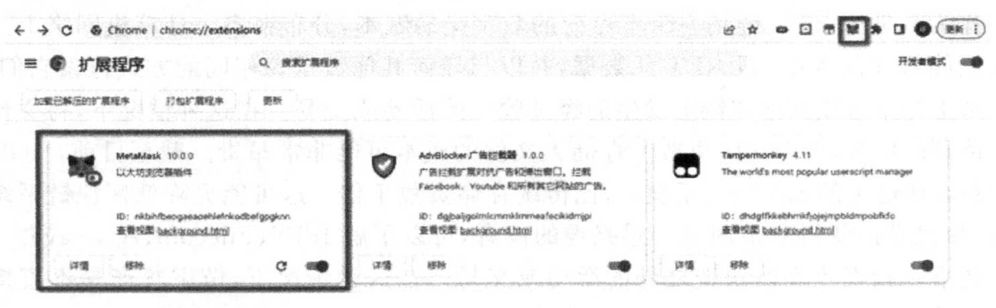

图 14-4　MetaMask 插件

如图 14-5 所示，MetaMask 登录后初始状态中没有网站与钱包连词，此时该按钮

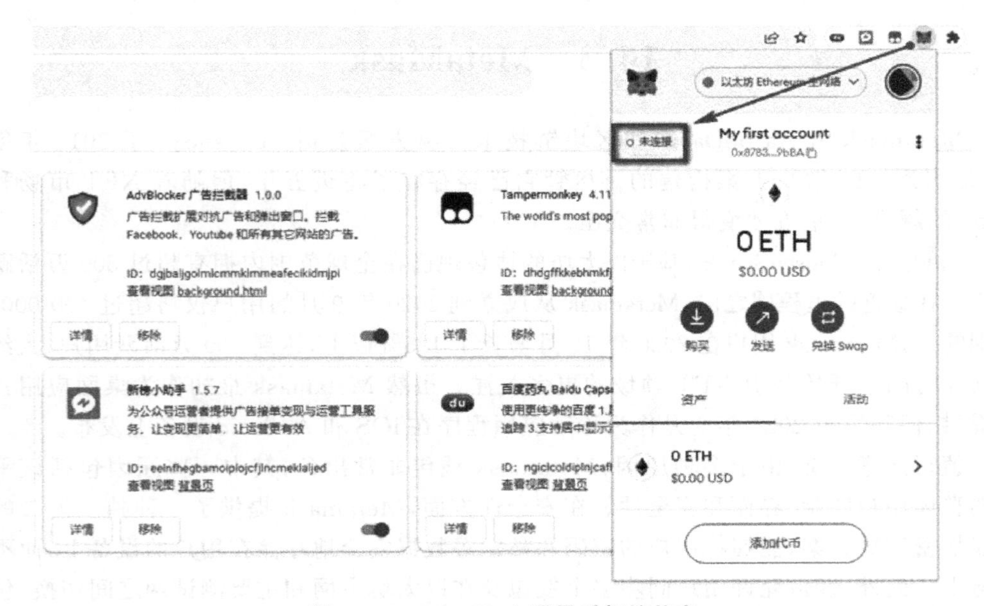

图 14-5　MetaMask 登录后初始状态

显示为“未连接”，后面当我们通过前端页面 JS 向 MetaMask 发出请求连接时，则显示为“已连接”。

14.4 Web3.js

Web3.js 是一组用来和本地或远程以太坊节点进行交互的 js 库，它可以使用 HTTP 或 IPC 建立与以太坊节点的连接。

Web3 是顶层包，它包含了所有以太坊相关的模块。使用时，在前端进行初始化、调用，如示例 14-1 所示。

示例 14-1 Web3.js 初始化及简单调用。

```
var Web3 = require('web3');
>Web3.utils  # 辅助函数
>Web3.version  # 版本信息
>Web3.modules  # 子模块集合对象
//在支持以太坊的浏览器中，Web3.providers.givenProvider 将被自动设置
var web3 = new Web3(Web3.givenProvider || 'ws://some.local-or-remote.node:8546');
>web3.eth
>web3.shh
>web3.bzz
>web3.utils
>web3.version
```

Web.js 中的各种接口调用方法及说明可以参照中文文档进行学习：http://cw.hubwiz.com/card/c/web3.js-1.0/。

14.5 以太坊代币计量单位

在 Web 3.0 前端页面请求时，需要把以太坊单位(包含代币单位)转为 wei 进行结算，因此我们需要先了解以太坊代币计量单位，如表 14-1 所列。

表 14-1 以太坊代币计量单位

Unit	wei Value	wei
wei	1 wei	1
Kwei (babbage)	1e3 wei	1 000
Mwei (lovelace)	1e6 wei	1 000 000
Gwei (shannon)	1e9 wei	1 000 000 000

续表 14-1

Unit	wei Value	wei
microether (szabo)	1e12 wei	1 000 000 000 000
milliether (finney)	1e15 wei	1 000 000 000 000 000
ether	1e18 wei	1 000 000 000 000 000 000

举一个发送交易到网络的例子：

```
>web3eth.sendTransaction ({from:eth.coinbase,to:'0x87832dE25046DAf58b63F94865cD70D82F049bBA',
value:web3.toWei(1,'ether')})  #  转账的数量是 1 个 ether(以太币)
```

代码中调用了 web3.eth.sendTransaction(transactionObject [, callback])接口，其参数如下：

transactionObject ：Object 为要发送的交易对象。

from：String 为指定的发送者的地址。如果不指定，使用 web3.eth.defaultAccount。

to：String 为(可选)交易消息的目标地址，如果是合约创建，则不填。

value：Number|String|BigNumber 为(可选)交易携带的货币量，以 wei 为单位。如果合约创建交易，则为初始的基金。

gas：Number|String|BigNumber 为(可选)默认是自动，交易可使用的 gas，未使用的 gas 会退回。

gasPrice：Number|String|BigNumber 为(可选)默认是自动确定，交易的 gas 价格，默认是网络 gas 价格的平均值。

data：String 为(可选)或者包含相关数据的字节字符串，如果是合约创建，则是初始化要用到的代码。

nonce：Number 为(可选)整数，使用此值，可以允许覆盖你自己的相同 nonce 的，正在 pending 中的交易 11。

Function 为回调函数，用于支持异步的方式执行 7。

接口返回值：String - 32 字节的交易哈希串，用十六进制表示。

web3.toWei (1,'ether')把以太币转为 wei，再来通过获取以太坊账户的余额看看在区块链中这些代币数量的存储方式。

```
>web3.eth.getBalance(eth.coinbase)
267999999999999999999
>web3.fromWei (web3.eth.getBalance(eth.coinbase),'ether')
267.999999999999999999
```

可以看出，在交易过程中，无论交易的代币是什么，都需要把这些代币转为 wei 存储在以太坊区块链中。

上面获取账户余额例子中，通过 web3. eth. getBalance 获取钱包中 coinbase 账户余额，得到的结果单位是 wei，然后再通过 fromWei 把 wei 转为了 ether(以太币)。

14.6 简易商城项目结构

Web 3.0 简易商城项目结构如示例 14-2 所示。

示例 14-2 简易商城项目结构。

```
|- web3Market
  |- main.py
  |- db.py
  |- dapp.sqlite3
  |- templates/
    |- base.html
    |- home.html
    |- login.html
    |- orders.html
    |- wallet.html
  |- static/
    |- app.js
    |- ethjs-unit.min.js
    |- jquery.min.js
```

其中，main. py 包含项目路由函数，db. py、dapp. sqlite3 用来记录用户订单数据，如购买者钱包地址、邮寄地址、联系方式，如果是虚拟产品，则仅保存购买者钱包地址。templates、static 文件夹分别为前端模板、静态文件。接下来，我们逐个查看路由函数及其对应前端视图模板中的代码含义。

14.7 页面构成

14.7.1 路由函数

本项目相对简单，接下来直接查看 main. py 中的路由函数，有关 Web 3.0 钱包交互的代码会进一步解释，如示例 14-3 所示。

示例 14-3 main. py：路由函数。

```
1.  import json # Python 自带库
2.
3.  # Flask 相关库
```

```
4.  from flask import Flask, render_template, request, url_for, redirect, flash, session
5.  from werkzeug.security import check_password_hash  # 加密 Token
6.
7.  #数据库
8.  from db import check_login, get_products, add_order_data, get_orders
9.
10. app = Flask(__name__)# 实例化项目
11. app.config['SECRET_KEY'] = 'not_s0_secr3t'  # 项目加密 Key
12.
13. #主页展示产品
14. @app.route('/')
15. def index():
16.     products = get_products()
17.     return render_template('home.html', products = products)
18.
19. #登录页面
20. @app.route('/login')
21. def login():
22.     return render_template('login.html')
23.
24. #登录验证页面
25. @app.post('/logged_in')
26. def logged_in():
27.     email = request.form.get('email')
28.     password = request.form.get('password')
29.     if not check_login(email, password):
30.         flash('Incorrect User/Password')
31.         return redirect('/login')
32.     else:
33.         session['user_name'] = email
34.         return redirect('/')
35.
36. #钱包页面
37. @app.get('/wallet')
38. def set_wallet():
39.     return render_template('wallet.html')
40.
41. #钱包设置
42. @app.get('/set_wallet/<wallet_address>')
43. def set_wallet_session(wallet_address):
44.     session['wallet_address'] = wallet_address
45.     return 'OK'
46.
```

```
47.  # 添加订单
48.  @app.post('/add_order/')
49.  def add_order():
50.      result = 'OK'
51.      try:
52.          wallet_address = request.form.get('wallet_address')
53.          tx = request.form.get('tx')
54.          name = request.form.get('name')
55.          invoice_id = request.form.get('invoice_id')
56.
57.          print(wallet_address, tx, name, invoice_id)
58.
59.          o = add_order_data(wallet_address, tx, name, invoice_id)
60.          if not o:
61.              result = 'FAIL'
62.      except Exception as ex:
63.          print('Exception while adding order ' + ex)
64.          result = 'FAIL'
65.      finally:
66.          return result
67.
68.  # 获取订单
69.  @app.get('/orders/')
70.  def orders():
71.      user_orders = get_orders(session['wallet_address'])
72.      return render_template('orders.html', orders = user_orders)
73.
74.
75.  if __name__ == '__main__':
76.      app.run(debug = True) # 运行
```

运行该代码，开启 Flask 服务器，在 Web 浏览器的地址栏中输入 http://localhost:5000/。你看到的页面（商城主页）如图 14-6 所示。同时，浏览器自动唤醒 MetaMask 插件，勾选钱包地址，点击下一步，与商城建立链接。与此同时，图 14-6MetaMask 插件的登录状态显示为“已链接”。

数据库链接 db.py 中包含获取产品信息（其中，价格单位为 1 以太币），添加订单数据等。其中订单数据中 wallet_address、tx、product_name、invoice_id 分别为钱包地址、tx、产品名称、发票 id。

在区块链中，交易散列（transactionHash）也就是我们经常提到的 txid（tx）表示区块链中的交易 id。通过交易 id，我们可以在区块浏览器上获取本次订单交易详情。

图 14-6 商城主页

14.7.2 视图模板

上一小节,商城首页已经和 MetaMask 钱包链接,接下来看看在视图模板中是怎样实现的(见示例 14-4)。

示例 14-4 home.html:首页视图模板。

```
1.  {% extends'base.html' %}
2.  {% block content %}
3.  <!-- 渲染产品 -->
4.  <style>
5.      ul {
6.          list-style:none;
7.          padding:0;
8.      }
9.      li {
10.         margin-bottom:50px;
11.     }
12. </style>
13.
14. <div style='margin-top:30px' class='row text-center'>
15.     <divclass='col-md-12'>
16.         <ul>
17.             {% for product in products %}
18.             <li>
19.                 <div>
20.                     <img width='200' src='{{product['image']}}' alt=''>
21.                 </div>
22.                 <div>
```

```
23.                     <h3>{{product['name']}}</h3>
24.                     <div><h4>Ξ {{product['price']}}</h4></div>
25.                     <div><button  data-price='{{product['price']}}' data-name='
                        {{product['name']}}' class='btn-buy btn btn-success'>Buy Now</
                        button></div>
26.                 </div>
27.             </li>
28.             {% endfor %}
29.         </ul>
30.     </div>
31. </div>
32. {% endblock %}
```

可以看到，首页视图模板集成了 base.html 基模板，商品通过循环展示的代码已在博客系统中用过，这里需要注意购买按钮 Buy Now 的事件，是通过 btn-buy 实现的。为了解交互功能的实现过程，需要进一步查看 base.html，如示例 14-5 所示。

示例 14-5 base.html：基模板。

```
1.  <!DOCTYPE html>
2.  <html lang='en'>
3.  <head>
4.      <meta charset='UTF-8'>
5.      <title>Welcome to Decentralized Ecommerce</title>
6.      <link rel='stylesheet' href='https://maxcdn.bootstrapcdn.com/bootstrap/4.5.2/
        css/bootstrap.min.css'>
7.      <script src='{{ url_for('static', filename='jquery.min.js') }}'></script>
8.      <script src='https://cdnjs.cloudflare.com/ajax/libs/popper.js/1.16.0/umd/pop-
        per.min.js'></script>
9.      <script src='https://maxcdn.bootstrapcdn.com/bootstrap/4.5.2/js/bootstrap.min.
        js'></script>
10.     <script src='{{ url_for('static', filename='ethjs-unit.min.js') }}'></script>
11.     <script src='https://cdnjs.cloudflare.com/ajax/libs/web3/3.0.0-rc.5/web3.min.
        js' integrity='sha512-jRzb6jM5wynT5UHyMW2+SD+yLsYPEU5uftImpzOcVTdu1J7VsynVmiu
        FTsitsoL5PJVQi+OtWbrpWq/I+kkF4Q==' crossorigin='anonymous' referrerpolicy='no
        -referrer'></script>
12.     <!-- app.js 是订单提交的核心函数 -->
13.     <script src='{{ url_for('static', filename='app.js') }}'></script>
14. </head>
15. <body>
16. <navclass='navbar navbar-expand-md bg-dark navbar-dark'>
17.     <!-- Brand -->
18.     <aclass='navbar-brand' href='#'>dAppComm</a>
```

```
19.        <! -- Toggler/collapsibe Button -- >
20.        <buttonclass = 'navbar - toggler' type = 'button' data - toggle = 'collapse' data - target
           = '#collapsibleNavbar' >
21.            <spanclass = 'navbar - toggler - icon' ></span >
22.        </button >
23.        <! -- Navbar links -- >
24.        <divclass = 'collapse navbar - collapse' id = 'collapsibleNavbar' >
25.            <ulclass = 'navbar - nav ml - auto' >
26.                <liclass = 'nav - item' >
27.                    <aclass = 'nav - link' href = '#' >About </a >
28.                </li >
29.                <liclass = 'nav - item' >
30.                    <aclass = 'nav - link' href = '#' >Register as User </a >
31.                </li >
32.    <! -- Dropdown -- >
33.                { % if  'user_name' in session: % }
34.                    <liclass = 'nav - item dropdown' >
35.                            <aclass = 'nav - link dropdown - toggle' href = '#' id = 'navbardrop'
                            data - toggle = 'dropdown' >
36.                                Welcome {{session['user_name']}}
37.                            </a >
38.                        <ulclass = 'dropdown - menu' >
39.                            <li ><aclass = 'dropdown - item' href = '/wallet' >Wallet Prefer-
                            ences </a ></li >
40.                            <li ><aclass = 'dropdown - item' href = '/orders/' >Orders </a >
</li >
41.                        </ul >
42.                    </li >
43.                { % else % }
44.                    <liclass = 'nav - item' >
45.                        <aclass = 'nav - link' href = '{{ url_for('.login') }}' >Login </a >
46.                    </li >
47.                { % endif % }
48.            </ul >
49.        </div >
50.    </nav >
51.    <divclass = 'container' >
52.        { % block content % }{ % endblock % }
53.    </div >
54.    </body >
55.    </html >
```

其中，ethjs - unit. min. js 负责处理各种类型的以太坊货币单位之间的转换。web3. min. js 库是一系列模块的集合，服务于以太坊生态系统的各个功能。在使用时，需要创建一个 web3 实例，设置一个 provider。支持以太坊的浏览器如 Mist 或 MetaMask 会提供一个 ethereumProvider 或 web3. currentProvider；app. js 中包含了 MetaMask 交互函数，如示例 14 - 6 所示。

base. html 中的 body 标签，包含了用户注册、登录及介绍等功能。这部分内容主要记录用户基础信息，如邮箱、收货地址、联系方式等，也可以在用户提交订单时以表单的形式提交。如果是虚拟产品，则无需记录用户基础信息。

示例 14 - 6 app. js：MetaMask 交互。

```
1.  <! DOCTYPE html >
2.  <html lang = 'en' >
3.  <head >
4.      <meta charset = 'UTF - 8' >
5.      <title >Welcome to Decentralized Ecommerce </title >
6.      < link rel = 'stylesheet' href = 'https://maxcdn. bootstrapcdn. com/bootstrap/4. 5. 2/
     css/bootstrap. min. css' >
7.      <script src = '{{ url_for('static', filename = 'jquery. min. js') }}' ></script >
8.      < script src = 'https://cdnjs. cloudflare. com/ajax/libs/popper. js/1. 16. 0/umd/pop-
     per. min. js' ></script >
9.      < script src = 'https://maxcdn. bootstrapcdn. com/bootstrap/4. 5. 2/js/bootstrap. min.
     js' ></script >
10.     <script src = '{{ url_for('static', filename = 'ethjs - unit. min. js') }}' ></script >
11.     <script src = 'https://cdnjs. cloudflare. com/ajax/libs/web3/3. 0. 0 - rc. 5/web3. min.
     js' integrity = 'sha512 - jRzb6jM5wynT5UHyMW2 + SD + yLsYPEU5uftImpzOcVTdu1J7VsynVmiu
     FTsitsoL5PJVQi + OtWbrpWq/I + kkF4Q = = ' crossorigin = 'anonymous' referrerpolicy = 'no
     - referrer' ></script >
12.     <! -- app. js 是订单提交的核心函数 -- >
13.     <script src = '{{ url_for('static', filename = 'app. js') }}' ></script >
14. </head >
15. <body >
16. <navclass = 'navbar navbar - expand - md bg - dark navbar - dark' >
17.     <! -- Brand -- >
18.     <aclass = 'navbar - brand' href = '# ' >dAppComm </a >
19.     <! -- Toggler/collapsibe Button -- >
20.     <buttonclass = 'navbar - toggler' type = 'button' data - toggle = 'collapse' data - target =
     '# collapsibleNavbar' >
21.         <spanclass = 'navbar - toggler - icon' ></span >
22.     </button >
23.     <! -- Navbar links -- >
```

```
24.    <divclass = 'collapse navbar - collapse' id = 'collapsibleNavbar' >
25.        <ulclass = 'navbar - nav ml - auto' >
26.            <liclass = 'nav - item' >
27.                <aclass = 'nav - link' href = '#' >About </a >
28.            </li >
29.            <liclass = 'nav - item' >
30.                <aclass = 'nav - link' href = '#' >Register as User </a >
31.            </li >
32.  <! -- Dropdown -- >
33.            { % if  'user_name' in session： % }
34.                <liclass = 'nav - item dropdown' >
35.                      <aclass = 'nav - link dropdown - toggle' href = '#' id = 'navbardrop'
                      data - toggle = 'dropdown' >
36.                          Welcome {{session['user_name']}}
37.                      </a >
38.                  <ulclass = 'dropdown - menu' >
39.                      <li ><aclass = 'dropdown - item' href = '/wallet' >Wallet Prefer-
                      ences </a ></li >
40.                      <li ><aclass = 'dropdown - item' href = '/orders/' >Orders </a ></
li >
41.                    </ul >
42.                </li >
43.            { % else % }
44.                <liclass = 'nav - item' >
45.                    <aclass = 'nav - link' href = '{{ url_for('.login') }}' >Login </a >
46.                </li >
47.            { % endif % }
48.        </ul >
49.    </div >
50.  </nav >
51.  <divclass = 'container' >
52.      { % block content % }{ % endblock % }
53.  </div >
54.  </body >
55.  </html >
```

主页 app. js 加载之后执行连接 MetaMask 的函数,并通过插件连接操作结果实时改变类属性,也就是连接状态从"未连接"变为"已连接"的过程。此时,通过访问 ht-tp://localhost:5000/wallet,也可以看到 MetaMask 当前钱包的连接状态处于"已连接",如图 14 - 7 所示。

首页中当用户单击购买按钮后,注意通过 ethUnit. toWei(price, 'ether'),将商品的价格从以太币转化为 wei。

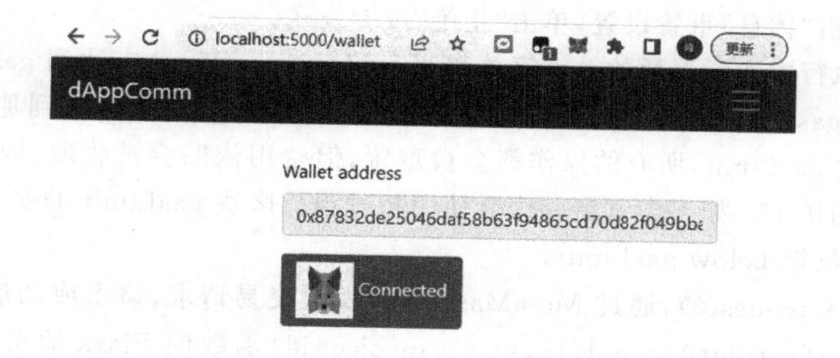

图 14-7 MetaMask 钱包的连接状态

(1) gas

gas 字面上是“燃料”的意思。在以太坊区块链上实现了一个 EVM(以太坊虚拟机)的代码运行环境,在链上执行写入操作时,网络中的每个全节点都会进行相同的计算并存储相同的值。这种执行的消耗是昂贵的,为了促使大家将能在链下进行的运算都不放到链上进行,也为了奖励矿工,在链上每执行一个写入操作时,都需要支付一定的费用,用 gas 为单位来计数,gas 使用 ether 来支付。

注意,无论执行的命令是成功还是失败,都需要支付计算费用,即使失败,节点也验证并执行了交易(计算),因此必须和成功执行支付一样的费用。

(2) gasPrice

gasPrice 是由交易的发起者来设置的,矿工可以选择先打包那些 gasPrice 高的交易,gasPrice 低的可能要等很久或者不会被打包,长时间不打包交易就会被取消。通常,可以由 web3. eth. getGasPrice()获取当前 gasPrice,该价格由最近的若干块的 gasPrice 中值决定。

以太坊的交易手续费为 gas×gasPrice,单位是 Gwei。

例如一笔交易:{from:web3. eth. accounts[0],data:tokenCompiled. token. code,gas:21000},gasPrice 默认 web3. eth. getGasPrice(),假定 gasPrice = 1Gwei(十六进制,0x09184e72a000),则此次转账的交易手续费为:21 000×1 Gwei = 0. 000 021 ether。

A 账户欲向 B 账户转账 4 ether,则要求 A 账户至少要有 4+0. 000 021=4. 000 021 ethrer。

(3) gasLimit

gasLimit 限定一次交易中 gas 的可用上限,也就是交易中最多会执行多少步运算。由于交易复杂程度各有不同,确切的 gas 消耗量是在完成交易后才会知道,因此在提交交易之前,需要为交易设定一个 gas 用量的上限。

在计算消耗的 gas 数量时,钱包提供商 metamask 往往直接给出 gasLimit,如果实际消耗小于 gasLimit,剩余的返还。如果实际消耗超过 gasLimit,交易无法完成。例如:在 metaMask 中转账,主面板点击“发送”发送以太币,在下一页输入发送地址和数量;单击“下一步”进入高级设置。交易者可以自定义 gasLimit 和 gasPrice,点击“提交”发送交易,单击“休息”重置设置,单击“拒绝”放弃发送。

在交易执行中实际消耗的 gas 值总和叫 gasUsed,gasUsed 未达到 gasLimit,那么只会按实际 gasUsed 收取交易服务费,没有使用完的 gas 会退还到原账号;如果 gasUsed 超过 gasLimit,所有的操作都会被重置,但费用依旧会被收取,因为要奖励已经付出劳动的矿工。如果尝试将一个会使用超过当前区块 gasLimit 的交易打包,则会被网络拒绝,反馈 below gasLimit。

ethereum. request(),通过 MetaMask 钱包发起交易请求,请求成功后返回 tx,并执行 addOrder(currentAccount, tx, name, invoice_id) 函数向 Flask 服务器后端发送 Post 请求,在数据库中保存交易信息。如果订单提交过程中出现错误,则会在控制台中提示 'Error during the transaction'。

MetaMask 钱包目前在国内不能进行支付,即便使用 VPN 后,购买各种代币也仅支持美元。不过没有关系,前面我们学习了 Web 2.0,MetaMask 钱包固定 Token 可以用来识别用户,等未来完全接入,再使用支付功能。

14.8 MetaMask 获取钱包余额、交易回执

14.8.1 获取余额

在交易过程中,可以事先判断用户的钱包余额是否满足交易条件,若余额不足,可以通过弹窗的形式提醒用户,如示例 14-7 所示。

示例 14-7 查询钱包余额。

```
1.   ethereum.request({
2.           method:'eth_getBalance',
3.           params:[
4.               '0xBcFf5a3c1970D795777d7471F2792832BAF5679d' ,
5.               'latest'
6.           ]
7.       })
8.       .then((result) =>{
9.           console.log('获取余额 success-- ->' + result)
10.          let formartEther = ethers.utils.formatEther(result);//十六进制的 wei
11.          console.log(formartEther)
12.      })
13.      .catch((error) =>{
14.          console.log('获取余额 error-- ->' + error.code)
15.      });
```

14.8.2 交易回执

交易结束后需要再次查询回执时，可以使用代码进行查询，如示例 14－8 所示。

示例 14－8 查询交易回执。

```
1.  function getReceipt(paramsStr) {
2.      ethereum.request({
3.          method:'eth_getTransactionReceipt',
4.          params:paramsStr
5.      })
6.          .then((result) =>{
7.              console.log(result)
8.          })
9.          .catch((error) =>{
10.             console.log('error-- ->' + error.message)
11.             // If the request fails, the Promise will reject with an error.
12.         });
13.
14. }
```

在商城实例中，交易记录中保存者 tx，即查询函数中的参数 paramsStr，从以太坊交易中读取交易回执信息 'result'。

至此，通过本章实例完成了 Web 3.0 商城功能的开发，由于目前 Web 3.0 仍处于起步阶段，分布式应用部署仍存在诸多问题和困难。接下来，我们主要讲解 Web 2.0 博客系统的部署过程，其间会遇到新的挑战，这就是第四部分的主题。

第四部分　成功在望

第 15 章　测　试

编写单元测试主要有两个目的。实现新功能时，单元测试能够确保新添加的代码按预期方式运行。当然，这个过程也可手动完成，不过自动化测试显然能节省时间和精力，因为自动化测试能轻松地重复运行。

另外，一个更重要的目的是，每次修改应用后，运行单元测试能保证现有代码的功能没有回归，即新改动没有影响原有代码的正常运行。

从一开始我们就为 Flasky 应用编写了单元测试，检查数据库模型类有没有实现特定的功能。模型类很容易在运行中的应用上下文之外进行测试，因此不用花费太多精力，为数据库模型中实现的全部功能编写单元测试至少能有效保证应用的这一部分在不断完善的过程中仍能按预期运行。

本章将讨论如何改进和增强单元测试，并覆盖应用的其他部分。

15.1　获取代码覆盖度报告

编写测试组件很重要，但知道测试的状况同样重要。代码覆盖度工具用于统计单元测试检查了应用的多少功能，并提供一份详细的报告，说明应用的哪些代码没有测试到。这个信息非常重要，因为它能指引你为最需要测试的部分编写新测试。

Python 提供了一个优秀的代码覆盖度工具，名为 coverage。这个工具使用 pip 安装：

```
(venv) $ pip install coverage
```

这个工具本身是一个命令行脚本，可在任何一个 Python 应用中检查代码覆盖度。除此之外，它还提供了更方便的脚本访问功能，使用编程方式启动覆盖检查引擎。为了能更好地把覆盖检测集成到第 7 章添加的 flask test 命令中，我们可以添加一个 --coverage 选项，实现方式如示例 15 - 1 所示。

示例 15-1 flasky.py：覆盖度检测。

```
1.  import os
2.  import sys
3.  import click
4.
5.  COV = None
6.  if os.environ.get('FLASK_COVERAGE'):
7.      import coverage
8.      COV = coverage.coverage(branch=True, include='app/*')
9.      COV.start()
10.
11. # ...
12.
13. @app.cli.command()
14. @click.option('--coverage/--no-coverage', default=False,
15.               help='Run tests under code coverage.')
16. def test(coverage):
17.     """Run the unit tests."""
18.     if coverage and not os.environ.get('FLASK_COVERAGE'):
19.         os.environ['FLASK_COVERAGE'] = '1'
20.         os.execvp(sys.executable, [sys.executable] + sys.argv)
21.     import unittest
22.     tests = unittest.TestLoader().discover('tests')
23.     unittest.TextTestRunner(verbosity=2).run(tests)
24.     if COV:
25.         COV.stop()
26.         COV.save()
27.         print('Coverage Summary:')
28.         COV.report()
29.         basedir = os.path.abspath(os.path.dirname(__file__))
30.         covdir = os.path.join(basedir, 'tmp/coverage')
31.         COV.html_report(directory=covdir)
32.         print('HTML version: file://%s/index.html' % covdir)
33.         COV.erase()
```

若想查看代码覆盖度，就把--coverage 选项传给 flask test 命令。为了在 test 命令中添加这个布尔值选项，我们用到了 click.option 装饰器。这个装饰器把布尔值标志的值作为参数传入函数。

不过，在 flasky.py 脚本中集成代码覆盖度检测功能有个小问题。当 test()函数收到--coverage 选项的值后再启动覆盖度检测时，全局作用域中的所有代码都已经执行了。为了保证检测的准确性，设定完环境变量 FLASK_COVERAGE 后，脚本会重启自身。再次运行时，脚本顶端的代码发现已经设定了环境变量，于是立即启动覆盖检测。这一步甚至发生在导入全部应用之前。

coverage.coverage()函数启动覆盖度检测引擎。branch=True 选项开启分支覆盖度分析,除了跟踪哪行代码已经执行之外,还要检查每个条件语句的 True 分支和 False 分支是否都执行了。include 选项限制检测的文件在应用包内,因为我们只需分析这些代码。如果不指定 include 选项,那么虚拟环境中安装的全部扩展及测试代码都会包含于覆盖度报告中,给报告添加很多杂项。

执行完所有测试后,test()函数会在终端输出报告,同时还会生成一份 HTML 版本报告,写入磁盘。HTML 格式以不同的颜色注解全部源码,标明哪些行被测试覆盖了,而哪些行没有被覆盖。

为保证安装了所有依赖,还要执行 pip install-r requirements/dev.txt。

文本格式的报告示例如下:

```
(venv) ...\flasky\flasky-15b>python manage.py test
test_app_exists (test_basics.BasicsTestCase) ... ok
test_app_is_testing (test_basics.BasicsTestCase) ... ok

----------------------------------------------------------------------
Ran 2 tests in 0.055s

OK
Coverage Summary:
Name                               Stmts    Miss    Branch    BrPart    Cover
----------------------------------------------------------------------
app\__init__.py                    40       0       0         0         100%
app\api_1_0\__init__.py            3        0       0         0         100%
app\api_1_0\authentication.py      61       43      18        0         23%
app\api_1_0\errors.py              18       10      2         0         50%
app\auth\__init__.py               3        0       0         0         100%
app\auth\forms.py                  45       8       20        0         75%
app\auth\views.py                  118      89      40        0         18%
app\email.py                       15       9       0         0         40%
app\main\__init__.py               3        0       0         0         100%
app\main\errors.py                 6        2       0         0         67%
app\main\forms.py                  38       7       14        0         79%
app\main\views.py                  204      166     38        0         16%
app\models.py                      111      76      26        0         30%
----------------------------------------------------------------------
TOTAL                              665      410     158       0         35%
```

上述报告显示,整体覆盖度为 35%,情况并不糟,但也不太好。现阶段,模型类是单元测试的关注焦点,在 111 个语句中,测试覆盖了 30%。很明显,main 和 auth 蓝本中的 views.py 文件及 api 蓝本中的路由的覆盖度都很低,因为我们没有为这些代码编写单元测试。当然,这些覆盖度指标无法表明项目中的代码是多么健康,因为代码有没有缺陷还受其他因素的影响(例如测试的质量)。

有了这个报告,我们很容易就能看出,为了提高覆盖度,应该在测试组件中添加哪些测试。但遗憾的是,并非应用的所有组成部分都像数据库模型那样易于测试。在接下来的两节中,我们将介绍更高级的测试策略,可用于测试视图函数、表单和模板。

15.2 Flask 测试 Web 客户端

应用的某些代码严重依赖运行中的应用所创建的环境。例如,你不能直接调用视图函数中的代码进行测试,因为这个函数可能需要访问 Flask 上下文变量,如 request 或 session;视图函数可能还等待接收 POST 请求中的表单数据,而且某些视图函数要求用户先登录。简而言之,视图函数只能在请求上下文和运行中的应用里运行。

Flask 内建了一个测试客户端用于解决(至少部分解决)这一问题。测试客户端能复现应用运行在 Web 服务器中的环境,让测试充当客户端来发送请求。

在测试客户端中运行的视图函数和正常情况下的没有太大区别,服务器收到请求,将其分派给合适的视图函数,视图函数生成响应,将其返回给测试客户端。执行视图函数后,生成的响应会传入测试,检查是否正确。

示例 15-2 所示为一个使用测试客户端编写的单元测试框架。

示例 15-2 tests/test_client.py:使用 Flask 测试客户端编写的测试框架。

```
1.   import re
2.   import unittest
3.   from flask import url_for
4.   from app import create_app
5.   from app.models import User
6.   from app import create_app,USERS_COLLECTION
7.
8.   class FlaskClientTestCase(unittest.TestCase):
9.       def setUp(self):
10.          self.app = create_app('testing')
11.          self.app_context = self.app.app_context()
12.          self.app_context.push()
13.          self.client = self.app.test_client(use_cookies=True)   # 创建一个测试用户
14.
15.      def tearDown(self):
16.          self.app_context.pop()
17.
18.      def test_home_page(self):
19.          response = self.client.get(url_for('main.index'))
```

```
20.         print(response.get_data(as_text = True))
21.         self.assertTrue('Stranger' in response.get_data(as_text = True))
22.
23.     def test_register_and_login(self):
24.         # 注册一个账号
25.             response = self.client.post(url_for('auth.register'), data = {
26.             'email': 'john05@example.com',
27.             'username': 'john05',
28.             'password': 'cat',
29.             'password2': 'cat'
30.             })
31.         print(response.get_data(as_text = True))
32.         self.assertTrue(response.status_code == 302)
33.
34.         # 用新账号登录
35.         response = self.client.post(url_for('auth.login'), data = {
36.             'email': 'john05@example.com',
37.             'password': 'cat'
38.         },follow_redirects = True)
39.         print(response.get_data(as_text = True))
40.         self.assertTrue(re.search('Hello,\s + john! ', response.get_data(as_text = True)))
41.         self.assertTrue(
42.             'You have not confirmed your account yet' in response.get_data(as_text = True))
43.
44.         # 用户账号确认
45.         user = USERS_COLLECTION.find_one({'email': 'john05@example.com'})
46.         user_obj = User(str(user['_id']))
47.         token = user_obj.generate_confirmation_token()
48.         response = self.client.get(url_for('auth.confirm', token = token),
49.                                    follow_redirects = True)
50.         self.assertTrue(
51.             'You have confirmed your account' in response.get_data(as_text = True))
52.
53.         # log out
54.         response = self.client.get(url_for('auth.logout'), follow_redirects = True)
55.         self.assertTrue(b'You have been logged out' in response.get_data(as_text = True))
```

与 tests/test_basics.py 相比,这个模块添加了 self.client 实例变量,它是 Flask 测试客户端对象。在这个对象上可调用方法向应用发起请求。如果创建测试客户端时启用了 use_cookies 选项,这个测试客户端就能像浏览器一样接收和发送 cookie,因此能使用依赖 cookie 的功能记住请求之间的上下文。值得一提的是,启用这个选项后便可使用存储在 cookie 中的用户会话。

test_home_page()测试是一个简单的例子,演示了测试客户端的作用。这里,客户端向应用的根路由发起了一个请求。在测试客户端上调用 get()方法得到的结果是一个 Flask 响应对象,其内容是调用视图函数得到的响应。为了检查测试是否成功,我们先检查响应的状态码,然后通过 response. get_data()获取响应主体,在里面搜索单词"Stranger"。这个词在显示给匿名用户的欢迎消息中,即"Hello, Stranger!"。注意,默认情况下 get_data()返回的响应主体是一个字节数组,传入参数 as_text=True 后得到的是一个更易于处理的字符串。

/auth/register 路由有两种响应方式。如果注册数据可用,则返回一个重定向,把用户转到登录页面。未成功注册时,返回的响应会再次渲染注册表单,还包含适当的错误消息。为了确认注册成功,测试检查响应的状态码是否为 302,这个代码表示重定向。

这个测试的第二部分使用刚才注册时的电子邮件和密码登录应用,即向/auth/login 路由发起 POST 请求。这一次,调用 post()方法时指定了参数 follow_redirects=True,让测试客户端像浏览器那样,自动向重定向的 URL 发起 GET 请求。指定这个参数后,返回的不是 302 状态码,而是请求重定向的 URL 返回的响应。

成功登录后的响应应该是一个页面,显示一个包含用户名的欢迎消息,并提醒用户需要确认账户才能获得权限。为此,我们使用两个断言语句检查响应是否为这个页面。值得注意的一点是,直接搜索字符串 'Hello, john! ' 并没有用,因为这个字符串由动态部分和静态部分组成,而 Jinja2 模板生成最终的 HTML 时会在二者之间加上额外的空格。为了避免空格影响测试结果,我们使用正则表达式。

这个测试先向注册路由提交一个表单。post()方法的 data 参数是个字典,包含表单中的各个字段,各字段的名称必须严格匹配定义 HTML 表单时使用的名称。由于 CSRF 保护机制已经在测试配置中禁用了,因此无须和表单数据一起发送。

下一步是要确认账户,这里也有一个小障碍。账户确认 URL 在注册过程中通过电子邮件发给用户,而在测试中无法轻松获取这个 URL。上述测试使用的解决方法忽略了注册时生成的令牌,直接在 User 实例上调用方法重新生成一个新令牌。在测试环境中,Flask-Mail 会保存邮件正文,所以还有一种可行的解决方法,即通过解析邮件正文来提取令牌。

得到令牌后,下一步要模拟用户点击邮件中的确认 URL。为此,我们要向这个包含令牌的 URL 发起 GET 请求。这个请求的响应是重定向并转到首页,但这里再次指定了参数 follow_redirects=True,因此测试客户端会自动向重定向的页面发起请求并返回响应。得到响应后,检查是否包含欢迎消息,以及一个向用户说明确认成功的闪现消息。

测试客户端还能使用 post()方法发送包含表单数据的 POST 请求,不过提交表单时会有一个小麻烦。第 4 章说过,Flask - WTF 生成的表单中包含一个隐藏字段,其内容是 CSRF 令牌,需要和表单中的数据一起提交。为了发送 CSRF 令牌,测试必须请求表单所在的页面,然后解析响应返回的 HTML 代码,从中提取令牌,这样才能把令牌和表单中的数据一起发送。为了避免在测试中处理 CSRF 令牌这一烦琐的操作,最好在测试环境的配置中禁用 CSRF 保护机制,如示例 15-3 所示。

示例 15-3 config.py:在测试配置中禁用 CSRF 保护机制。

```
1.  class TestingConfig(Config):
2.      #...
3.      WTF_CSRF_ENABLED = False
```

15.3 值得测试吗

读到这里你可能会问,为了测试而如此折腾 Flask 测试客户端和 Selenium,值得吗?这是一个合理的疑问,但是不容易回答。

不管你是否喜欢,应用肯定要做测试。如果你自己不做测试,用户就要充当不情愿的测试员,用户发现问题后,你就要顶着压力修正。检查数据库模型和其他无须在应用上下文中执行的代码很简单,而且有针对性,这类测试一定要做,因为你无须投入过多精力就能保证应用逻辑的核心功能可以正常运行。

我们有时候也需要使用 Flask 测试客户端和 Selenium 进行端到端形式的测试,不过这类测试编写起来比较复杂,只适用于无法单独测试的功能。应该合理组织应用代码,尽量把业务逻辑写入独立于应用上下文的模块中,这样测试起来才更简单。视图函数中的代码应该保持简洁,仅发挥黏合剂的作用,收到请求后调用其他类中相应的操作或者封装应用逻辑的函数。

因此,测试绝对值得。重要的是我们要设计一个高效的测试策略,还要编写能合理利用这一策略的代码。

15.4 性 能

没人喜欢运行缓慢的应用。页面加载时间太长会让用户失去兴趣,所以尽早发现并修正性能问题是一件很重要的工作。

使用 MongoDB 如果遇到了性能的瓶颈,只需要升级主机性能或者横向扩展,小的应用实在没有必要把精力放在性能的优化上,重心应放在产品的可行性和运营中。

本章我们完成了部署前的准备工作。第 16 章将介绍部署应用的大致过程。

第 16 章 部 署

Flask 自带的 Web 开发服务器不够稳健、安全和高效，不适合在生产环境中使用。本章介绍几种不同的 Flask 应用部署方式。

16.1 部署流程

不管使用哪种托管方案，应用安装到生产服务器上之后，都要执行一系列任务，其中就包括创建或更新数据库表。

如果每次安装或升级应用都手动执行这些任务，那么既容易出错，也浪费时间。因此，可以在 flasky. py 中添加一个命令，自动执行全部任务。

示例 16－1 实现了一个适用于 Flasky 的 deploy 命令。

示例 16－1 flasky. py：deploy 命令。

```
1.  from flask_migrate import upgrade
2.  from app.models import Role, User
3.
4.  @manager.command
5.  def deploy():
6.      '''Run deployment tasks.'''
7.      # 把数据库迁移到最新修订版本
8.      upgrade()
9.
10.     # 创建或更新用户角色
11.     Role.insert_roles()
12.
13.     # 确保所有用户都关注了他们自己
14.     User.add_self_follows()
```

这个命令调用的函数之前都已经定义好了，现在只不过是在一个命令中集中调用，以简化部署应用的过程。

定义这些函数时考虑到了多次执行的情况，所以即使多次执行也不会产生问题。每次安装或升级应用时只需运行 deploy 命令，无须担心运行的时机不当而产生其他问题。

16.2 把生产环境中的错误写入日志

在调试模式中运行的应用发生错误时,Werkzeug 的交互式调试器会出现。网页中显示错误的栈跟踪,而且可以查看源码,甚至还能使用 Flask 的网页版交互调试器在每个栈帧的上下文中执行表达式。

调试器是开发过程中调试问题的优秀工具,但显然不能在生产环境中使用。生产环境中发生的错误会被静默掉,取而代之的是向用户显示一个 500 的错误页面。不过幸好错误的栈跟踪不会完全丢失,因为 Flask 会将其写入日志文件。

在应用启动过程中,Flask 会创建一个 Python 的 logging. logger 类实例,并将其附属到应用实例上,通过 app. logger 访问。在调试模式中,日志记录器把日志写入控制台;但在生产模式中,默认情况下没有配置日志的处理程序,所以如果不添加处理程序,就不会保存日志。示例 16-2 中的改动配置一个日志处理程序,把生产模式中出现的错误通过电子邮件发送给 FLASKY_ADMIN 设置的管理员。

示例 16-2 config. py:应用出错时发送电子邮件。

```
1.  class ProductionConfig(Config):
2.      # ...
3.      @classmethod
4.      def init_app(cls, app):
5.          Config.init_app(app)
6.
7.          # 出错时邮件通知管理员
8.          import logging
9.          from logging.handlers import SMTPHandler
10.         credentials = None
11.         secure = None
12.         if getattr(cls, 'MAIL_USERNAME', None) is not None:
13.             credentials = (cls.MAIL_USERNAME, cls.MAIL_PASSWORD)
14.             if getattr(cls, 'MAIL_USE_TLS', None):
15.                 secure = ()
16.         mail_handler = SMTPHandler(
17.             mailhost = (cls.MAIL_SERVER, cls.MAIL_PORT),
18.             fromaddr = cls.FLASKY_MAIL_SENDER,
19.             toaddrs = [cls.FLASKY_ADMIN],
20.             subject = cls.FLASKY_MAIL_SUBJECT_PREFIX + ' Application Error',
21.             credentials = credentials,
22.             secure = secure)
23.         mail_handler.setLevel(logging.ERROR)
24.         app.logger.addHandler(mail_handler)
```

你可能还记得，所有配置类都有一个 init_app()静态方法，在 create_app()方法中调用，但目前还没用到。现在，在 ProductionConfig 类的 init_app()方法中，我们为应用日志记录器配置了一个处理程序，把错误通过电子邮件发给指定的收件人。

电子邮件日志记录器的日志等级被设为 logging.ERROR，所以只有发生严重错误时才会发送电子邮件。通过添加适当的日志处理程序，可以把等级较轻缓的日志消息写入文件、系统日志或支持的其他目的地。日志的处理方法很大程度上依赖于应用所在的托管平台。

16.3 云部署

本节介绍腾讯云服务器(阿里云服务器也可以)的搭建流程，所需的软件为 CentOS 7.5、Python 3.7.8、Django 3.1、Nginx、uWSGI，选择使用 Django 开发网站。通过本教程，你可以将 Django 开发的网站部署到服务器上。

16.3.1 安装更新开发工具及各种依赖

(1) 安装更新开发工具及各种依赖包

```
# yum groupinstall 'Development tools'
# yum install zlib-devel bzip2-devel openssl-devel ncurses-devel sqlite-devel readline-devel tk-devel
```

(2) 安装 python

```
# cd /usr/local
# wget https://www.python.org/ftp/python/3.7.8/Python-3.7.8.tgz
# tar -zxvf Python-3.7.8.tgz
# cd Python-3.7.8
# ./configure --prefix=/usr/local/python3
# make && make install
# ln -s /usr/local/python3/bin/python3 /usr/bin/python3
# ln -s /usr/local/python3/bin/pip3 /usr/bin/pip3
# python3 -V
# pip3 -V
```

(3) 升级 pip3 的版本(可选)

```
# pip3 install --upgrade pip
```

(4) 配置虚拟环境

① 安装 virtualenv，方便不同版本项目管理：

```
# pip3 installvirtualenv
```

② 建立软链接：

```
# ln -s /usr/local/python3/bin/virtualenv /usr/bin/virtualenv
```

③ 安装成功后在根目录下建立两个文件夹，主要用于存放 env 和网站文件：

```
# mkdir -p /data/env
# mkdir -p /data/wwwroot
```

④ 切换到/data/env/下，创建指定版本的虚拟环境：

```
# cd /data/env/
# virtualenv --python=/usr/bin/python3 pyweb
```

⑤ 启动虚拟环境：

```
# cd /data/env/pyweb/bin
# source activate
```

⑥ 安装相关依赖库：

```
(env) $ cd /data/wwwroot
(env) $ pip install -r requirement
```

⑦ 退出虚拟环境：

```
# deactivate
```

16.3.2 MongoDB 数据库

(1) MongoDB 环境搭建

① 修改 yum 包管理配置，会自动新建 mongodb-org-3.4.repo 文件：

```
vi /etc/yum.repos.d/mongodb-org-3.4.repo
```

② 复制下面配置信息：

```
[mongodb-org-3.4]
name=MongoDB Repository
baseurl=https://repo.mongodb.org/yum/redhat/$releasever/mongodb-org/3.4/x86_64/
gpgcheck=0
enabled=1
```

③ 安装 mongodb，一路 yes 安装 mongodb：

```
yum install -ymongodb-org
```

④ 启动 mongodb：

```
systemctl start mongod.service
```

⑤ 停止 mongodb：

```
systemctl stop mongod.service
```

⑥ 重启 mongodb：

```
systemctl restart mongod.service
```

⑦ 设置 mongodb 开机启动：

```
systemctl enable mongod.service
```

(2) 配置 Mongodb

配置文件的路径：/etc/mongod.conf。

若要自己指定数据存储位置和日志的存储位置，我们可以修改 MongoDB 的配置文件。

举个例子：

若要将数据文件存储在 /data/mongo，日志文件存储在 /data/log/mongodb.log。注意：这两个存储的位置要给 MongoDB 足够的权限来操作，否则会报错。将配置文件对应部分修改，其他不变：

```
# where to write logging data.
systemLog:
destination: file
logAppend: true
path: /data/log/mongod.log
# Where and how to store data.
storage:
dbPath: /data/mongo
journal:
enabled: true
```

然后，通过指定配置文件启动 MongoDB。

默认会在后台运行，出现信息：

```
about to fork child process, waiting until server is ready for connections.
forked process: 10286
child process started successfully, parent exiting
```

如果没有后台运行，可以检查配置文件：

```
# how the process runs
processManagement:
fork: true # 这里是不是 true
```

直接使用命令来后台运行 MongoDB：

```
mongod -fork -dbpath [dbpath] -logpath [logpath]
```

这里[dbpath]是数据文件夹的路径,[logpath] 是日志文件的路径。

例如,还是上面的存储位置,数据文件存储在 /data/mongo,日志文件存储在 /data/log/mongodb. log:

```
mongod -fork -dbpath /data/mongo -logpath /data/log/mongodb.log
```

则关闭后台运行。

(3) 终端运行

```
mongo
use admin
```

MongoDB 权限设置:

```
db.createUser({user: '用户名',pwd: '密码',roles: [ { role: 'userAdminAnyDatabase', db: 'admin' }]})
```

身份验证:

```
>db.auth('用户名','密码')
```

给用户对应数据库放权限:

```
>db.grantRolesToUser('用户名', [ { role: '权限内容', db: '库名' } ])
```

权限内容包括:read,readWrite。

(4) MongoDB 重置用户密码

① 配置文件,打开权限配置 注释掉 security 两行:

```
vim /etc/mongod.conf
```

② 启动和停止 mongo:

```
'''centos7'''
systemctl mongod start
systemctl mongod stop
```

③ 删除重新添加用户:

```
use admin
db.system.users.find()
db.system.users.remove({})
db.createUser({user: '',pwd: '',roles: [ { role: 'root', db: 'admin' } ]})
```

16.3.3 Nginx 服务器

通常在 Gunicorn 服务前再部署一个 Nginx 服务器。Nginx 是一个 Web 服务器,也是一个反向代理工具，通常用它来部署静态文件。既然通过 Gunicorn 已经可以启动服务了，那为什么还要添加一个 Nginx 服务呢？

Nginx 作为一个 HTTP 服务器，它有很多 uWSGI 不具备的特性。

① 静态文件支持。经过配置之后，Nginx 可以直接处理静态文件请求而不用经过应用服务器，避免占用宝贵的运算资源；还能缓存静态资源，使访问静态资源的速度提高。

② 抗并发压力。Nginx 可以吸收一些瞬时的高并发请求，先保持住连接(缓存 HTTP 请求)，然后在后端慢慢处理。如果让 Gunicorn 直接提供服务，浏览器发起一个请求，鉴于浏览器和网络情况都是未知的，HTTP 请求的发起过程可能比较慢，而 Gunicorn 只能等待请求发起完成后，才去真正处理请求，处理完成后，等客户端完全接收请求后，才继续下一个。

③ HTTP 请求缓存头处理得也比 Gunicorn 和 uWSGI 完善。

④ 多台服务器时，可以提供负载均衡和反向代理。

接下来，按以下步骤安装、配置：

(1) 下载 Nginx

```
yum installnginx
```

(2) 启动 Nginx 服务(设置开机自动启动)

```
systemctl start nginx
```

(3) 配 置

默认的配置文件在 /etc/nginx 路径下，使用该配置已经可以正确地运行 Nginx；如需自定义，修改其下的 nginx.conf 等文件即可。

vim 打开此文件，找到 http{...} 处，添加：

```
server {
    listen 80;
    server_name example.org;
    access_log  /var/log/nginx/example.log;
    #ssl on;
    #ssl 证书的 pem 文件路径
    #ssl_certificate  /home/card/zyxyz.top.pem;
    #ssl 证书的 key 文件路径
    #ssl_certificate_key /home/card/zyxyz.top.key;

    location / {
        proxy_pass http://127.0.0.1:8000;
        proxy_set_header Host $host;
        proxy_set_header X-Real-IP $remote_addr;
        proxy_set_header X-Forwarded-Proto $scheme;
```

```
            proxy_set_header X-Forwarded-For $proxy_add_x_forwarded_for;
        }
    }
```

然后重启 Nginx 服务：

```
/etc/init.d/nginx restart
```

此时，使用手机或者可以上网的电脑访问你的远程主机的 IP 地址的 8000 端口，比如：106. * * . * * . * * :8000。

(4) 测　试

在浏览器地址栏中输入部署 Nginx 环境的机器的 IP，如果一切正常，应该能看到 index 主页的内容。

(5) 列出所有端口状态

```
netstat-ntlp
```

配合 kill-9 pid 结束 Nginx 进程。

16.3.4　Gunicorn 服务器

Gunicorn 是一个 Python 的 WSGI HTTP 服务器。它所在的位置通常是在反向代理(如 Nginx)或者载均衡(如 AWS ELB)和一个 web 应用(比如 Django 或者 Flask)之间。它是一个移植自 Ruby 的 Unicorn 项目的 pre-fork worker 模型，既支持 eventlet 也支持 greenlet。Gunicorn 服务器与各种 Web 框架兼容，且执行简单，资源消耗少，反应迅速。Gunicorn 启动项目之后一定会有一个主进程 Master 和一个或者多个工作进程，工作进程的数量可以指定。工作进程是实际处理请求的进程，主进程是维护服务器的运行。

Gunicorn 应该装在 virtualenv 环境下，安装前记得激活虚拟环境。

```
(venv) $ pip install gunicorn
```

当我们安装好 Gunicorn 之后，需要用 Gunicorn 启动 flask，注意 flask 里面的 name 下面的代码启动了 app. run()，这个含义是用 flask 自带的服务器启动 app。一行搞定运行 Web：

```
(venv) $ gunicorn -w 4 -b 127.0.0.1:8000 wsgi:app
```

其中 Gunicorn 的部署中，—w 表示开启多少个 worker，-b 表示 Gunicorn 开发的访问地址。

然后使用 cd 命令进入该目录，命令如下：

```
(venv) $ cd /data/wwwroot/gunicorn
```

使用 vim 编写 gunicorn conf. py 文件，命令如下：

```
vim  gunicorn_conf.py
```

gunicorn conf. py 文件的关键代码如下：

```
import multiprocessing
bind = '127.0.0.1:8000'
workers = multiprocessing.cpu_count() * 2 + 1
# 进程数
reload = True
loglevel = 'info'
timeout = 600
log_path = '/data/wwwroot/log'
accesslog = log_path + '/gunicorn.access.log'
errorlog = log_path + '/gunicorn.error.log'
```

上述代码中的参数 log_path 变量读者可以自行定义。启动 Gunicorn 出错时，可以查看 errorlog 错误日志。

接下来，先终止 Gunicorn 进程，命令如下：

```
(venv) /data/wwwroot/ $ pkill gunicorn
```

然后在虚拟环境下以加载配置文件的方式启动 Gunicorn，命令如下：

```
(venv) /data/wwwroot/ $ gunicorn -c gunicorn/gunicorn_conf.py wsgi:app
```

16.3.5 Supervisor 进程守护

当程序异常退出时，我们希望进程重新启动。Supervisor 是一个进程管理工具，使用 Supervisor 看守进程，一旦异常退出，它会立即启动进程。

综上所述，框架部署的链路一般是：nginx→WSGI Server→Python Web 程序，通常还会结合 Supervisor 工具来监听启停。

```
(venv) $ pip install supervisor
echo_supervisord_conf > supervisor.conf   # 生成 supervisor 默认配置文件
vimsupervisor.conf # 修改 supervisor 配置文件，添加 gunicorn 进程管理
```

在 app 中 supervisor. conf 配置文件的底部添加：

```
[program:app]
command = /data/venv/bin/gunicorn -w 4 -b 127.0.0.1:8000 wsgi:app; supervisor
启动命令：
directory = /data/wwwroot; 项目的文件夹路径
startsecs = 0; 启动时间
stopwaitsecs = 0; 终止等待时间
autostart = false; 是否自动启动
autorestart = false; 是否自动重启
```

```
stdout_logfile = /data/wwwroot/log/gunicorn.log; log 日志
stderr_logfile = /data/wwwroot/log/gunicorn.err
supervisor 的基本使用命令:
upervisord-c supervisor.conf  通过配置文件启动 supervisor;
supervisorctl-c supervisor.conf status  查看 supervisor 的状态;
supervisorctl-c supervisor.conf reload  重新载入 配置文件;
supervisorctl-c supervisor.conf start [all]|[appname]  启动指定/所有 supervisor 管理的程序进程;
supervisorctl-c supervisor.conf stop [all]|[appname]  关闭指定/所有 supervisor 管理的程序进程
```

现在可以使用 Supervsior 启动 Gunicorn。运行命令:

```
supervisord -c supervisor.conf
```

删除(venv) /data/wwwroot/ $ pkill gunicorn,在浏览器中访问公网 IP:80 端口,发现 Flask 程序依然可以正常访问。此外,也可以通过如下命令对比 Gunicorn 关闭前后进程 id 是否发生变化。

```
ps aux grep gunicorn
```

至此,整个项目部署完毕,在项目实践的过程中遇到的问题本书未能尽述,第 17 章将介绍一些笔者常用的 Flask 扩展及社区。

第17章 其他资源

恭喜,你快读完本书了。希望本书涵盖的内容能为你打下坚实的基础,让你尽快熟练使用 Flask 开发应用。书中的示例代码是开源的,基于一个宽松的许可协议发布,所以你可以在自己的项目中尽情使用这些代码,即便是商业项目也可以。在这简短的最后一章中,笔者列出了一些建议和资源,希望能为你继续使用 Flask 提供一些帮助。

17.1 使用集成开发环境

在集成开发环境(IDE,Integrated Development Environment)中开发 Flask 应用非常方便,因为代码补全和交互式调试器等功能可以显著提升编程的速度。以下是几个适合进行 Flask 开发的 IDE。

(1) PyCharm

PyCharm 是 JetBrains 出品的 IDE,有社区版(免费)和专业版(收费),两个版本都兼容 Flask 应用。PyCharm 可在 Linux、macOS 和 Windows 中使用。

(2) Visual Studio Code

Visual Studio Code 是微软推出的开源 IDE。若想在开发 Flask 应用的过程中使用代码补全和调试功能,必须安装一个第三方 Python 插件。Visual Studio Code 可在 Linux、macOS 和 Windows 中使用。

(3) PyDev

PyDev 是基于 Eclipse 的开源 IDE,可在 Linux、macOS 和 Windows 中使用。

17.2 寻找 Flask 扩展

本书中的示例应用使用了很多扩展和包,不过还有很多有用的扩展没有介绍。下面列出其他一些值得研究的包。

① Flask-Babel:提供国际化和本地化支持。

② Marshmallow:序列化和反序列化 Python 对象,可在 API 中提供资源的不同表述。

③ Celery:处理后台作业的任务队列。

④ Frozen-Flask:把 Flask 应用转换成静态网站。

⑤ Flask-DebugToolbar:在浏览器中使用的调试工具。

⑥ Flask-Assets:用于合并、压缩及编译 CSS 和 JavaScript 静态资源文件。

⑦ Flask-Session:使用服务器端存储实现的用户会话。

⑧ Flask-SocketIO:实现 Socket.IO 服务器,支持 WebSocket 和长轮询。

如果项目中的某些功能无法使用本书介绍的扩展和包来实现,那么你首先应该到 Flask 官方扩展网站(http://flask.pocoo.org/extensions/)查找其他扩展。其他可以搜寻扩展的地方有 Python Package Index、GitHub 和 Bitbucket。

17.3 寻求帮助

如果你被一个问题卡住了,仅凭一己之力无法解决,请谨记:世界上有一群像你一样的 Flask 开发者,他们很乐意帮助你。

如果遇到 Flask 或相关扩展的问题,可以到 Stack Overflow 网站中提问。其他开发者看到你的问题后,如果知道如何解决,会发表自己的解决方法,人们将根据回答的质量投票支持或反对。作为提问者,你可以从中选择最佳解答。这个网站中的问题和解决方法会始终保留,而且会出现在搜索结果中。因此,在这个平台上提问也算是增加了有关 Flask 的信息量。

Reddit 也有个专门针对 Flask 的版块,这个版块很友好,你可以在上面提问。

最后,如果你用 IRC 的话,Freenode 上的 #pocoo 频道经常聚集各种水平的 Flask 开发者,有些人可能会一对一帮你解决问题。

17.4 参与 Flask 社区

如果没有社区开发者的贡献,Flask 不会如此优秀。现在你已经成为社区的一分子,也从众多志愿者的劳动中受益,所以你应该考虑通过某种方式来回馈社区。如果你不知从何入手,可考虑以下建议:

① 审阅 Flask 或者你最喜欢的某个项目的文档,提交修正或改进;

② 把文档翻译成其他语言;

③ 在问答网站上回答问题,例如 Stack Overflow;

④ 在用户组的聚会或者技术大会上与同行讨论你的工作;

⑤ 为你使用的包修正缺陷,或者提出改进建议;

⑥ 开发新 Flask 扩展,开源发布;

⑦ 开源自己的应用。

希望你能使用上述或者其他有意义的方式为社区作贡献。如果你这么做了,我们由衷地感谢!

参考文献

[1] Flask 官方文档:http://flask.pocoo.org/docs/latest/.
[2] 米格尔·格林贝格(Miguel Grinberg). Flask Web 开发:基于 Python 的 Web 应用开发实战[M]. 北京:人民邮电出版社,2018.
[3] 李辉. Flask Web 开发实战入门、进阶与原理解析[M]. 北京:机械工业出版社,2018.
[4] Armin Ronacher. Flask: A Python Microframework[M]. Sebastopol: O'Reilly Media, 2011.
[5] Packt Publishing. Flask Web Development: Beginner's Guide[M]. Birmingham: Packt Publishing, 2015.
[6] Igor Flamerka. Flask in Action: Build, Test, Deploy: A Modern Web Development Cookbook[M]. Shelter Island, NY 11964:Manning Publications, 2021.
[7] Sergio Marquez. Flask: Up and Running: Build Web Applications with Python [M]. New York:Rosenfeld Media, 2012.
[8] Nicolai Rechtschaffen. Flask Web Development: Building and Deploying Web Applications with Python[M]. Apress, 2018.
[9] O'Reilly Media, Inc.. Flask: A Python Microframework, Second Edition[M]. Sebastopol: O'Reilly Media, 2017.
[10] Shallow Sky. Flask Web Development Hacks: Tips & Tricks for Building with Flask[M]. Wizdom AI, 2022.
[11] Alexis Metaireau, Benoit Dherbey. Flask: Hello World to Full Stack Web Development with Python[M]. Birmingham: Packt Publishing, 2018.
[12] Felipe Leme da Silveira Bravo, Evald Odinho Sanches de Olivera Jr. Beginning Flask Web Development: Build a Modern Web Application with Flask and JavaScript (Beginning Series)[M]. Apress, 2020.